工程装备实战化考核丛书

工程装备效能计算模型构建方法

鞠进军 史小敏 汪 辉 陈俞龙 张 颖 著

国防工业出版社

·北京·

内容简介

本书旨在满足广大从事工程装备作战运用和效能分析研究人员的需求。该书从典型工程装备在遂行相关保障行动任务的本质出发，深入探讨了物理机理和数据驱动两个方面的效能计算方法，书中区分了小样本和大样本两个维度，分别采用基于智能优化的物理解析模型构建方法和基于数据驱动的智能学习模型构建方法，建立了军用桥梁装备、工程侦察装备、渡河装备、探雷装备、扫雷破障装备、伪装装备、构工装备和布雷装备的效能计算模型，从而显著提高了效能计算的准确性和针对性。

本书是集效能计算理论方法与应用于一体的图书，适合从事工程装备论证与运用教学科研人员使用。

图书在版编目（CIP）数据

工程装备效能计算模型构建方法 / 鞠进军等著.
北京：国防工业出版社，2025.3. -- ISBN 978-7-118-13420-9

Ⅰ.TB4-39

中国国家版本馆 CIP 数据核字第 2025TL4132 号

※

国防工业出版社出版发行

（北京市海淀区紫竹院南路23号　邮政编码100048）
北京凌奇印刷有限责任公司印刷
新华书店经销

*

开本 710×1000　1/16　印张 16　字数 286 千字
2025 年 3 月第 1 版第 1 次印刷　印数 1—1300 册　定价 108.00 元

（本书如有印装错误，我社负责调换）

国防书店：(010) 88540777　　书店传真：(010) 88540776
发行业务：(010) 88540717　　发行传真：(010) 88540762

前　言

　　工程装备作战效能是指工程装备在一定条件下完成作战任务时所能发挥作用的有效程度，是反映装备核心战斗力的重要度量。因此，如何构建科学准确的工程装备效能计算模型，是把握工程装备效能底数的关键环节。传统的效能评估方法主观性较强，其准确性把握在对其进行评价的评委身上，难免失之偏颇。本书从典型工程装备遂行相关保障行动的任务本质出发，从物理机理和数据驱动两个维度，分别建立军用桥梁装备、工程侦察装备、渡河装备、探雷装备、扫雷破障装备、伪装装备、构工装备和布雷装备的效能计算模型。在小样本场景下，为了提高效能计算的准确性，主要采用的是基于智能优化的物理解析模型构建方法构建典型工程装备的效能计算模型；在大样本场景下，为了提高效能计算的准确性，主要采用的是基于数据驱动的智能学习模型构建方法构建典型工程装备的效能计算模型。这种思路更加符合实际情况，更能保证效能计算的有效性和准确性。

　　本书共 9 章。第 1 章主要是对工程装备效能的科学内涵进行阐述，并对基于智能优化的物理解析模型构建方法和基于数据驱动的智能学习模型构建方法进行重点研究。第 2 章主要是利用基于智能优化的物理解析模型构建方法和基于数据驱动的智能学习模型构建方法，构建军用桥梁装备的效能计算模型。第 3 章主要是利用基于智能优化的物理解析模型构建方法和基于数据驱动的智能学习模型构建方法，构建工程侦察装备的效能计算模型。第 4 章主要是利用基于智能优化的物理解析模型构建方法和基于数据驱动的智能学习模型构建方法，构建渡河装备的效能计算模型。第 5 章主要是利用基于智能优化的物理解析模型构建方法和基于数据驱动的智能学习模型构建方法，构建探雷装备的效能计算模型。第 6 章主要是利用基于智能优化的物理解析模型构建方法和基于数据驱动的智能学习模型构建方法，构建扫雷破障装备的效能计算模型。第 7 章主要是利用基于智能优化的物理解析模型构建方法和基于数据驱动的智能学习模型构建方法，构建伪装装备的效能计算模型。第 8 章主要是利用基于智能优化的物理解析模型构建方法和基于数据驱动的智能学习模型构建方法，构建构工装备的效能计算模型。第 9 章主要是利用基于智能优化的物理解析模型构建方法和基于数据驱动的智能学习模型构建方法，构建布雷装备的效能计算模型。

由于本书撰写人员的能力和水平有限、认识和眼界不足，在工程装备效能计算模型构建过程中难免还存在一些研究不够深入、观点失之偏颇的地方。但是本着对效能计算方面研究探讨的初心，还是想将近年来的研究成果和心得体会"抛砖引玉"，逐步发现问题、解决问题，实现工程装备效能计算方法体系的不断完善。同时，诚挚欢迎读者多提宝贵意见，以为后续修改完善提供可靠支撑。

编 者

2024 年 10 月

目 录

第1章 绪论 ··· 1
  1.1 相关概念 ·· 1
  1.2 工程装备效能计算特点 ·· 1
  1.3 模型构建准备 ··· 3
    1.3.1 数据预处理方法 ·· 3
    1.3.2 智能学习模型 ·· 6
    1.3.3 基础物理解析模型 ··· 12
    1.3.4 基于拟牛顿法的参数优化方法 ·· 19
    1.3.5 基于量化打分机制的最优模型自动选择方法 ···················· 19
  1.4 工程装备效能计算模型构建方法 ·· 21
    1.4.1 基于智能优化的物理解析模型构建方法 ··························· 21
    1.4.2 基于数据驱动的智能学习模型构建方法 ··························· 22

第2章 军用桥梁装备效能计算模型 ·· 24
  2.1 军用桥梁装备效能计算最优物理解析模型 ······························ 24
    2.1.1 数据预处理 ·· 24
    2.1.2 智能优化 ··· 27
    2.1.3 物理计算 ··· 32
    2.1.4 参数寻优 ··· 33
    2.1.5 结果分析与灵敏度分析 ·· 35
  2.2 军用桥梁装备效能计算最优智能学习模型 ······························ 38
    2.2.1 智能模型训练 ·· 38
    2.2.2 结果分析与灵敏度分析 ·· 46
  2.3 模型校验 ·· 49

第3章 工程侦察装备效能计算模型 ·· 51
  3.1 工程侦察装备效能计算最优物理解析模型 ······························ 51

  3.1.1　数据预处理 …………………………………………… 51
  3.1.2　智能优化 ……………………………………………… 54
  3.1.3　物理计算 ……………………………………………… 59
  3.1.4　参数寻优 ……………………………………………… 60
  3.1.5　结果分析与灵敏度分析 ………………………………… 62
 3.2　工程侦察装备效能计算最优智能学习模型 ………………… 65
  3.2.1　智能模型训练 …………………………………………… 65
  3.2.2　结果分析与灵敏度分析 ………………………………… 73
 3.3　模型校验 ……………………………………………………… 77

第 4 章　渡河装备效能计算模型 ………………………………… 79

 4.1　渡河装备效能计算最优物理解析模型 ……………………… 79
  4.1.1　数据预处理 …………………………………………… 83
  4.1.2　智能优化 ……………………………………………… 84
  4.1.3　物理计算 ……………………………………………… 91
  4.1.4　参数寻优 ……………………………………………… 93
  4.1.5　结果分析与灵敏度分析 ………………………………… 95
 4.2　渡河装备效能计算最优智能学习模型 ……………………… 100
  4.2.1　智能模型训练 …………………………………………… 100
  4.2.2　结果分析与灵敏度分析 ………………………………… 110
 4.3　模型校验 ……………………………………………………… 115

第 5 章　探雷装备效能计算模型 ………………………………… 117

 5.1　探雷装备效能计算最优物理解析模型 ……………………… 117
  5.1.1　数据预处理 …………………………………………… 117
  5.1.2　智能优化 ……………………………………………… 120
  5.1.3　物理计算 ……………………………………………… 123
  5.1.4　参数寻优 ……………………………………………… 125
  5.1.5　结果分析与灵敏度分析 ………………………………… 125
 5.2　探雷装备效能计算最优智能学习模型 ……………………… 128
  5.2.1　智能模型训练 …………………………………………… 128
  5.2.2　结果分析与灵敏度分析 ………………………………… 134
 5.3　模型校验 ……………………………………………………… 136

第 6 章 扫雷破障装备效能计算模型 ·············· 138

6.1 扫雷破障装备效能计算最优物理解析模型 ·············· 138
6.1.1 数据预处理 ·············· 138
6.1.2 智能优化 ·············· 141
6.1.3 物理计算 ·············· 147
6.1.4 参数寻优 ·············· 148
6.1.5 结果分析与灵敏度分析 ·············· 150

6.2 扫雷破障装备效能计算最优智能学习模型 ·············· 153
6.2.1 智能模型训练 ·············· 154
6.2.2 结果分析与灵敏度分析 ·············· 161

6.3 模型校验 ·············· 164

第 7 章 伪装装备效能计算模型 ·············· 166

7.1 伪装装备效能计算最优物理解析模型 ·············· 166
7.1.1 数据预处理 ·············· 167
7.1.2 智能优化 ·············· 169
7.1.3 物理计算 ·············· 175
7.1.4 参数寻优 ·············· 177
7.1.5 结果分析与灵敏度分析 ·············· 178

7.2 伪装装备效能计算最优智能学习模型 ·············· 182
7.2.1 智能模型训练 ·············· 182
7.2.2 结果分析与灵敏度分析 ·············· 191

7.3 模型校验 ·············· 195

第 8 章 构工装备效能计算模型 ·············· 197

8.1 构工装备效能计算最优物理解析模型 ·············· 197
8.1.1 数据预处理 ·············· 198
8.1.2 智能优化 ·············· 200
8.1.3 物理计算 ·············· 203
8.1.4 参数寻优 ·············· 205
8.1.5 结果分析与灵敏度分析 ·············· 205

8.2 构工装备效能计算最优智能学习模型 ·············· 209
8.2.1 智能模型训练 ·············· 209

8.2.2　结果分析与灵敏度分析 ………………………………………… 215
　8.3　模型校验 ……………………………………………………………………… 218
第 9 章　布雷装备效能计算模型 …………………………………………………… 220
　9.1　布雷装备效能计算最优物理解析模型 …………………………………… 220
　　　9.1.1　数据预处理 ………………………………………………………… 221
　　　9.1.2　智能优化 …………………………………………………………… 223
　　　9.1.3　物理计算 …………………………………………………………… 228
　　　9.1.4　参数寻优 …………………………………………………………… 229
　　　9.1.5　结果分析与灵敏度分析 ………………………………………… 231
　9.2　布雷装备效能计算最优智能学习模型 …………………………………… 234
　　　9.2.1　智能模型训练 ……………………………………………………… 234
　　　9.2.2　结果分析与灵敏度分析 ………………………………………… 242
　9.3　模型校验 ……………………………………………………………………… 245

参考文献 ……………………………………………………………………………… 247

第1章 绪　　论

1.1　相关概念

工程装备是指专门用于遂行工程保障任务的装备。根据专业类型，工程装备可分为渡河桥梁装备、军用工程机械、地雷爆破装备、伪装装备、侦察指挥装备和技术保障装备。根据遂行任务特点，工程装备可分为战斗支援工程装备、战斗保障工程装备、侦察指挥工程装备等。因此，本书从军用桥梁装备、工程侦察装备、渡河装备、探雷装备、扫雷破障装备、伪装装备和构工装备等出发，研究工程装备效能计算模型构建方法。

效能是系统在特定的环境、特定的时间条件下完成规定的任务或目标的程度，它是系统完成某项规定任务的一个衡量标准。工程装备效能是指工程装备在一定条件下完成工程保障任务时所能发挥有效作用的程度。

工程装备是军事装备的重要组成部分，是工程兵遂行各种军事任务的物质手段。随着陆军转型的深度推进，工程兵规模结构和力量编成也发生了较大变化，工程装备更新换代速度也逐步加快，迫切需要加强工程装备效能计算方面的研究，为提升工程兵指挥员装备作战运用能力和提高装备作战效能服务。

1.2　工程装备效能计算特点

工程装备效能涉及很多指标参数，有些指标参数有确切的数据，可进行精确计算。但有些指标参数难以获取，有些因素也难以有数据确切表示，如人员素质、协同能力等，只能作评估。所以对工程装备效能计算并不一定是直接计算，而是作加权计算，权重包含一定程度的经验判断，即有人为的因素。因此，工程装备效能计算主要有以下几个特点：

1. 局限性

工程装备效能计算有多种方法，每种方法都有其独特的优点，也都有其局限性和适用范围。目前，还难以评论某种方法一定优于别的方法，只能说某种方法更适合用于某种条件和环境。要想使工程装备效能计算更加完善，就应该

"兼收并蓄",综合使用各种评估方法。同时,工程装备效能与作战目的、任务使命、实施方法等密切相关,其效能计算是有一定前提和条件的,条件改变,作战效能就可能有很大的不同。计算的结果都是有一定条件的,计算选用的项目、评估过程中的一些假设、专家判断等都有一些主观因素,所以没有完全公平、全面合理的计算结果。在使用计算结果时要充分注意这些因素。

2. 相对性

作战任务的种类很多,也很复杂,很难得出一个"效能常数"。事实上,现在对作战效能的计算都是相对的,不过相对的基准各种各样。有的方法用某种类似工程装备为准对经过选择的参数进行比较得出相对效能值,也有些方法用同时代的同类工程装备最佳值或平均值为标准来求得效能值或效能指数。关键问题就是选用的标准。是各种陆军装备都用同一个标准,还是各用各的标准,然后再解决相关性、可比性的问题。在实际应用时,作战效能的衡量要多样化,不能太单一,以适合各种计算方法的要求。衡量标准要相对合理,而且要进行协调。有些方法看似结果是绝对的,但实际上它是相对值。效能计算的相对性还有一个原因,就是用数字表达时的单位处理问题。影响作战效能的因素很多,各因素的单位不同。例如,速度是 km/h 或 m/s,而水平加速用加速的时间来表示,单位是 min 或 s。各种不同单位的参数不太容易综合起来。假如用相对值,将有关的参数都无量纲化,最后才综合成代表效能的一个数值就比较合理。而无量纲化就要用相对值。

3. 时效性

对于工程装备的能力要在其使用寿命期间变化不大。但是,当前工程装备的发展日新月异,其作战效能不断增强和提高。不仅新研制的工程装备效能会有阶跃性的提高,而且一些现役工程装备加改装电子侦察设备和跟踪扫描雷达后,其效能也可能会有很大的提高。这是计算效能有时间因素的一个原因。此外,工程装备在刚使用期间故障率高,可用性及可靠性低。使用一段时间后,故障率下降并且保持在低水平值。但当该装备接近寿命后期,故障率又会急剧上升。画成曲线就是著名的"浴盆曲线"。同时,在和平时期可用度低的工程装备,在战争开始后,如能组织特殊零备件供应,加强维修力量,参战工程装备的可用性将大为提高。所以,在计算工程装备效能时,如考虑可用性和可靠性因素,其效能随时间不同而变化就是不可避免的。因此,选用可用性和可靠性的数据应当尽量用稳定期间的平均值,而不是短时间内的最佳值或最差值,才能较真实地反映出实际或平均的情况。

1.3 模型构建准备

1.3.1 数据预处理方法

1. 定性指标量化

在实际的指标体系中，有些指标很难用具体的数字来描述，无法得到一个精确的数字，如"优、良、中、差"，"非常满意、满意、一般、不满意、非常不满意"等描述，只能定性地判断指标的好坏。因此，要得到指标分值就需要一个量化的过程。量化的过程最主要的是建立一张量化规则表，量化规则表是由专家或有经验的人员进行商议制作的。一般而言，人对事物的判断等级在 3~9 级，将 [0,1] 区间划分为 3~9 个等级来表示对事物的不同看法。通常不会使用 0 和 1，只用 0.1~0.9 的数作为量化值，下面以对事物满意程度为例，建立指标量化标尺，如表 1-1 所列。

表 1-1 定性数据的量化标尺

分数等级	0.1	0.2	0.3	0.4	0.5	0.6	0.7	0.8	0.9
9 等级	极差	很差	差	较差	一般	较好	好	很好	极好
7 等级	极差	很差	差		一般		好	很好	极好
5 等级	极差		差		一般		好		极好
3 等级	极差				一般				极好

制定量化标尺是常用的量化方法，根据评语集制定合理的量化表，然后根据量化表找出评语对应的量化值。除了制定量化表的方法还可以将评语量化成模糊数的标度量化法，最常见的模糊数是三角模糊数和梯形模糊数。这种量化方法可以有效地避免丢失模糊信息，但计算过程相对比较复杂。图 1-1 所示为一种常见的三角模糊数两级比例量化法。

利用模糊数标度量化法求指标分值主要有三个步骤：
(1) 确定评价集 $V=\{v_1,v_2,\cdots,v_m\}$。
(2) 进行指标评判，得到指标对评价集 V 的隶属度向量 $U=\{u_1,u_2,\cdots,u_m\}$（各评价等级的评价频数）。
(3) 把归一化后的隶属度向量和评价等级的量化值进行加权。

2. 数据规范化

工程装备效能计算过程中，指标体系往往比较大，各个指标普遍存在以下三种问题：一是各指标数据量纲不同，不同量纲之间数据不能互相比较计算。

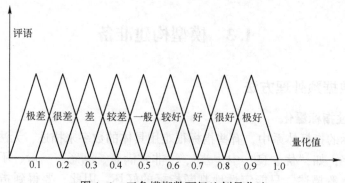

图 1-1 三角模糊数两级比例量化法

二是各指标数据的数量级不同，变换范围不同，并且差异过大，不便于对整个指标体系的评估计算。三是各指标特性不同，有些指标是成本型，即指标值越小越优型的指标；有些是效益型，也就是指标值越大越优型的指标。

基于以上原因，如果直接对原始数据进行评估分析，无从下手困难很大，即便做出评估方案，得出评估结果，其结果也毫无准确性可言。因此，对指标体系进行效能评估之前，必须对各定量数据进行规范化处理，一般都将数值统一规划映射到[0,1]。对于成本型指标基本的规范化处理方法为

$$y_i = \frac{\max(x_i) - x_i}{\max(x_i) - \min(x_i)} \tag{1-1}$$

对于效益型指标，基本的规范化处理方法为

$$y_i = \frac{x_i - \min(x_i)}{\max(x_i) - \min(x_i)} \tag{1-2}$$

目前，常用的规范化方法还有向量变换法、极差变换法、线性尺度变换法三种方式。鉴于向量变换的方式为非线性变换，无法产生等长的计量尺表，所以本节着重介绍极差变换法和线性尺度变换法规范化的方法。假设 x_{ij} 代表第 i 个方案关于第 j 个属性的指标值，给出两种变换下成本型和效益型的规范形式。

1) 极差变换法

(1) 成本型：

$$r_{ij} = \max_i(x_{ij}) - \frac{x_{ij}}{\max_i(x_{ij})} - \min_i(x_{ij}), i \in M, j \in T \tag{1-3}$$

(2) 效益型：

第1章 绪论

$$r_{ij} = x_{ij} - \frac{\min_i(x_{ij})}{\max_i(x_{ij}) - \min_i(x_{ij})}, i \in M, j \in T \tag{1-4}$$

2) 线性尺度变换法

（1）成本型：

$$r_{ij} = \frac{x_{ij}}{\max_i(x_{ij})}, i \in M, j \in T \tag{1-5}$$

（2）效益型：

$$r_{ij} = \frac{\min_i(x_{ij})}{x_{ij}}, i \in M, j \in T \tag{1-6}$$

3. 数据降维

确定主成分是一个解决"降维"量化的问题，目前使用比较广泛的是主元累计方差贡献率百分比（Cumulative Percent Variance，CPV）法，即引入方差贡献率来描述这个"量化"过程。第 i 个主成分的方差贡献率用 a_i 表示，则前 k 个主成分的累计方差贡献率为

$$\mathrm{CPV}_k = \sum_{i=1}^{k} a_i = \sum_{i=1}^{k} \lambda_i \Big/ \sum_{i=1}^{m} \lambda_i \tag{1-7}$$

式中：λ_i 表示第 i 个特征值。主成分的个数由累计方差贡献率来确定，一般情况下，前 l 个主成分的累计方差贡献率刚超过 85%，就认为主成分个数为 l。

4. 数据去噪

在采集原始数据的过程中，因为人员疏忽或仪器原因会带来很多噪声，为了保证模型计算的精确，需要对原始数据进行必要的去噪。小波方法作为一种时间-频率方法，适用于处理局部或瞬态信号，通过伸缩和平移等运算对时间序列信号进行多尺度的细化分析，将信号在时间-频率域分解为近似部分和细节部分。小波方法相比单一的时域或频域分解方法，既能够更准确地追踪信号中不同频率随时间的变化，又能够有效地了解信号中的细微变化。

小波包离散去噪方法利用多次迭代的小波转换分析输入数据，将数据信号投影到小波包基函数形成的空间中，使得信号通过一系列中心频率不同但带宽相同的滤波器来实现去噪。其中，小波函数由一系列用于表示时域和频域信号的函数组成。利用小波函数可以在独立的频段内进行信号分解及多分辨率分析。一般来说，任何信号都可以分解为不同小波系数的波的组合。因此，可以通过优化方法构造正交小波，从而基于收敛情况优化小波系数。傅里叶变换和小波变化的计算式分别为

$$F(w) = \int_{-\infty}^{\infty} f(t) \cdot e^{-iwt} dt \tag{1-8}$$

$$WT(a,\tau) = \frac{1}{\sqrt{a}} \int_{-\infty}^{\infty} f(t) \cdot \psi\left(\frac{t-\tau}{a}\right) dt \tag{1-9}$$

傅里叶变换中变量只有频率 w，而小波变换则有：尺度 a（scale）和平移量 τ（translation）两个变量。尺度 a 控制小波函数的伸缩，平移量 τ 控制小波函数的平移。尺度对应于频率（反比），平移量 τ 对应于时间。小波变换降噪主要计算流程有：

（1）进行信号的小波分解。选择一个小波函数并确定一个小波分解的层次 N，然后对信号进行 N 层小波分解计算。

（2）对于第 1 层到第 N 层的每一层高频系数（三个方向），选择一个阈值进行阈值量化处理。小波阈值和消噪方法的选择直接关系消噪后的信号质量，主要体现在阈值的选择与量化处理的过程。量化处理方法主要有硬阈值量化与软阈值量化，采用这两种阈值方法所达到的效果各异。硬阈值方法可以很好地保留信号边缘等局部特征，软阈值处理则要相对平滑，但会造成边缘模糊等失真现象。

（3）进行信号的小波重构。根据小波分解的第 N 层低频系数和经过量化处理后的第 1 层到第 N 层的高频系数，可以进行信号的小波重构。

1.3.2 智能学习模型

1. 多项式回归模型

多项式回归（Partiarlly Linear Regression，PLM）是使用线性模型训练数据的非线性函数。该方法以各阶多项式为基函数，并通过基函数将高维空间的数据表达为一维的线性拟合，这种方法保持了一般快速的线性方法的性能，却更具有灵活性，允许它们适应更广泛的数据范围，并且随着模型自由度的增加，可以更好地捕捉训练数据的变化，提高预测精度。以下使用不同的多项式特征描述一组数据的变化，可以看到，随着多项式自由度的增加，曲线对数据点的描述越发逼近真值。

一元 m 次多项式回归方程为

$$y = b_0 + b_1 x + b_2 x^2 + \cdots + b_m x^m \tag{1-10}$$

二元二次多项式回归方程为

$$y = b_0 + b_1 x_1 + b_2 x_2 + b_3 x_1^2 + b_4 x_2^2 + b_5 x_1 x_2 \tag{1-11}$$

使用多项式回归模型时，输入训练集，特征的自由度选定为 10，采用线性回归（Linear Regression）方法，训练模型并确定相关参数信息。

2. 高斯过程回归模型

高斯过程回归（Gaussian Process Regression，GPR）是使用高斯过程

(Gaussian Process, GP) 先验对数据进行回归分析的非参数模型,表示为

$$y=f(x)+\varepsilon \quad (1-12)$$

GPR 取该函数空间的先验为高斯过程,不失一般性,这里表示为 0 均值高斯过程:

$$f(\boldsymbol{X}) \sim GP[0, k(\boldsymbol{X}, \boldsymbol{X}')] \quad (1-13)$$

式中:$\boldsymbol{X}$ 为学习样本,其在高斯过程中的测度是高斯过程的有限维分布(Finite-Dimensional Distribution),由定义可知,该有限维分布是联合正态分布:

$$\forall t \in N, \boldsymbol{X}=\boldsymbol{X}_1,\cdots,\boldsymbol{X}_t \in R_d: P[f(\boldsymbol{X}_1),\cdots,f(\boldsymbol{X}_t)] \sim N[0,k(\boldsymbol{X},\boldsymbol{X}')] \quad (1-14)$$

式中:$k(\boldsymbol{X},\boldsymbol{X}')$ 为核函数,0 均值高斯过程由其核函数完全决定:

$$k(\boldsymbol{X},\boldsymbol{X}')=E[f(\boldsymbol{X}_1)f(\boldsymbol{X}')] \quad (1-15)$$

具体地,由回归模型和高斯过程的定义,$\boldsymbol{y}$ 和 $\boldsymbol{f}_*$ 的概率分布为

$$\boldsymbol{y} \sim N(0,K+\sigma_n^2\boldsymbol{I}), \boldsymbol{f}_* \sim N(0,k(\boldsymbol{X}_*,\boldsymbol{X}_*)) \quad (1-16)$$

因此,二者的联合概率分布是联合正态分布:

$$\begin{bmatrix}\boldsymbol{y}\\\boldsymbol{f}_*\end{bmatrix} \sim \left(0, \begin{bmatrix}k(\boldsymbol{X},\boldsymbol{X})+\sigma_n^2\boldsymbol{I} & k(\boldsymbol{X},\boldsymbol{X}_*)\\k(\boldsymbol{X}_*,\boldsymbol{X}) & k(\boldsymbol{X}_*,\boldsymbol{X}_*)\end{bmatrix}\right) \quad (1-17)$$

对上述联合分布取 $\boldsymbol{f}_*$ 的边缘分布,由联合正态分布的边缘分布性质(Marginalization Property)可得

$$\begin{cases}p=(\boldsymbol{f}_*|\boldsymbol{X},\boldsymbol{y},\boldsymbol{X}_*,\sigma_n^2)=N[\boldsymbol{f}_*|\bar{\boldsymbol{f}}_*,\mathrm{cov}(\boldsymbol{f}_*)]\\\bar{\boldsymbol{f}}_*=k(\boldsymbol{X}_*,\boldsymbol{X})(K+\sigma_n^2\boldsymbol{I})^{-1}\boldsymbol{y}\\\mathrm{cov}(\boldsymbol{f}_*)=k(\boldsymbol{X}_*,\boldsymbol{X}_*)-k(\boldsymbol{X}_*,\boldsymbol{X})(K+\sigma_n^2\boldsymbol{I})^{-1}k(\boldsymbol{X},\boldsymbol{X}_*)\end{cases} \quad (1-18)$$

GPR 的模型假设包括噪声(回归残差)ε 和高斯过程先验 $f(x)$ 两部分,其求解按贝叶斯推断(Bayesian Inference)进行。若不限制核函数(包括径向基函数(Radial Basis Function,RBF)核(RBF kernel)、马顿核(Matérn kernel)、指数函数核(Exponential kernel)、二次有理函数核(Rational Quadratic kernel,RQ kernel)等)的形式,GPR 在理论上是紧致空间内任意连续函数的通用近似。此外,GPR 可提供预测结果的后验,且在似然为正态分布时,后验具有解析形式。因此,GPR 是一个具有泛用性和可解析性的概率模型。

使用 GPR 模型时,其核函数设置为常数核函数与径向基核函数的乘积,常数核的参数设定为 constant=0.1,constantbounds=$(10^{-3},10^{-1})$,RBF 的尺度参数设定为 lenthscale=0.5,上下边界 lenthscalebounds=$(10^{-4},10)$。

3. 支持向量机模型

支持向量机（Support Vector Machine，SVM）是一类按监督学习方式对数据进行二元分类的广义线性分类器，其决策边界是对学习样本求解的最大边距超平面。SVM 使用铰链损失函数计算经验风险并在求解系统中加入正则化项以优化结构风险，是一个具有稀疏性和稳健性的分类器。支持向量回归是支持向量机解决回归问题的算法。支持向量机是一类按监督学习方式对数据进行二元分类的广义线性分类器。将 SVM 由分类问题推广至回归问题可以得到支持向量回归模型。此时，SVM 的标准算法也称为支持向量分类，SVC 中的超平面决策边界是 SVR（Support Vector Regression）的回归模型：

$$f(\boldsymbol{X}) = w^{\mathrm{T}}\boldsymbol{X} + b \tag{1-19}$$

SVR 具有稀疏性，若样本点与回归模型足够接近，即落入回归模型的间隔边界内，则该样本不计算损失，对应的损失函数称为 ε（不敏感损失函数）。类比软边距 SVM，SVR 的二次凸优化问题为

$$\begin{cases} \max \dfrac{1}{2}\|w\|^2 \\ \text{s. t. } |y_i - f(\boldsymbol{X})| \leqslant \varepsilon \end{cases} \tag{1-20}$$

使用模型时，其核函数选取为径向基核函数，然后导入训练集训练模型。

4. 多层感知回归模型

多层感知回归（Multi Layer Perceptron Regression，MLPR）是多层感知器的回归算法，多层感知器是一种监督学习算法，给定一组特征 $\boldsymbol{X} = \{x_1, x_2, \cdots, x_m\}$ 和标签 y，它可以学习用于分类或回归的非线性函数。与逻辑回归不同的是，在输入层和输出层之间，可以有一个或多个非线性层，称为隐藏层。图 1-2 展示了一个具有标量输出的单隐藏层多层感知器（Multi Layer Preceptron，MLP）。

最左层的输入层由一组代表输入特征的神经元 $\{x_i | x_1, x_2, \cdots, x_m\}$ 组成。每个隐藏层中的神经元将前一层的值进行加权线性求和转换 $w_1 x_1 + w_2 x_2 + \cdots + w_m x_m$，再通过非线性激活函数传递映射。输出层接收到的值是最后一个隐藏层的输出经过变换而来的。每一层隐藏层后一般都会加上一层损失函数，常见的损失函数有以下几种：

Sigmoid 函数：

$$f(z) = \dfrac{1}{1 + e^{-z}} \tag{1-21}$$

Tanh 函数：

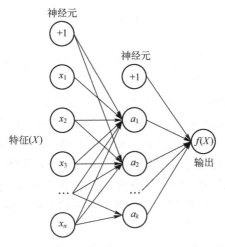

图 1-2 单隐藏层的多层感知器

$$\tanh(x) = \frac{e^x - e^{-x}}{e^x + e^{-x}} \tag{1-22}$$

ReLU 函数：

$$\text{ReLU} = \max(0, x) \tag{1-23}$$

而 MLPR 在使用反向传播进行训练时，输出层没有使用激活函数，也可以看作使用恒等函数作为激活函数。因此，它使用平方误差作为损失函数，输出是一组连续值。使用时，对如下变量进行设置：MLPR 模型的学习（learning_rate=0.001），采用 ReLU 激活函数以及 Adam 优化器。

5. 决策树回归模型

决策树（Decision Tree，DT）是在已知各种情况发生概率的基础上，通过构成决策树来求取净现值的期望值大于或等于零的概率，评价项目风险，判断其可行性的决策分析方法，是直观运用概率分析的一种图解法。由于这种决策分支画成图形很像一棵树的枝干，故称决策树。在机器学习中，决策树是一个预测模型，它代表的是对象属性与对象值之间的一种映射关系。熵表示系统的凌乱程度，使用算法 ID3，C4.5 和 C5.0 生成树算法使用熵。这一度量是基于信息学理论中熵的概念。而决策树回归（Decision Tree Regression，DTR）则是在分类的设置中将样本 X 和目标量 y 作为参数，预测一组连续输出的决策树设置方式。将输入空间划分为 M 个区域 $R_1, R_2, \cdots, R_M$，生成决策树如下：

$$f(x) = \sum_{m=1}^{M} \hat{c}_m I, \quad x \in R_m \tag{1-24}$$

式中：I 为指示函数，表示为

$$I = \begin{cases} 1, & x \in R_m \\ 0, & x \notin R_m \end{cases} \quad (1-25)$$

使用此模型时，决策树的最大树深度设定为 max_depth = 5。

6. 随机森林回归模型

随机森林（Random Forest，RF）是基于集成学习中 bagging 思想，使用分类与回归树（Classification and Regression Tree，CART）作为弱学习器，并对决策树做改进。普通的决策树会在节点上所有的（n 个）样本特征中选择一个最优的特征来做决策树的左右子树划分。但是，RF 则随机选择节点上的一部分样本特征（这个数字小于 n，假设为 n_{sub}），然后在这些随机选择的 $n_{sub}<n$ 个样本特征中，选择一个最优的特征来做决策树的左右子树划分。这种划分方式进一步增强了模型的泛化能力。

随机森林回归（Random Forest Regression，RFR）则是将多个二叉决策树（即 CART）打包组合而成的，训练 RFR 便是训练多个二叉决策树。在训练二叉决策树模型时，需要考虑如何选择切分变量、切分点以及怎样衡量一个切分变量、切分点的好坏，进而预测目标量的连续值。针对切分变量和切分点的好坏，一般以切分后节点的不纯度来衡量，即各个子节点不纯度的加权和 $G(x_i, v_{ij})$，其计算公式如下：

$$G(x_i, v_{ij}) = \frac{n_{\text{left}}}{N_s} H(X_{\text{left}}) + \frac{n_{\text{right}}}{N_s} H(X_{\text{right}}) \quad (1-26)$$

式中：x_i 为某一个切分变量；v_{ij} 为切分变量的一个切分值；n_{left}，n_{right}，N_s 分别为切分后左子节点的训练样本个数、右子节点的训练样本个数以及当前节点所有训练样本个数；X_{left}，X_{right} 分别为左右子节点的训练样本集合；$H(X)$ 为衡量节点不纯度的函数。使用此模型时，进行如下设置：评判标准设置为均方误差，即 criterion = mse，决策树的数量设定为 n_estimators = 100。

7. 梯度提升回归树模型

梯度提升回归树（Gradient Boosting Regression Tree，GBRT）是对于任意可微损失函数的提升算法的泛化，主要包括回归、梯度提升、逐步缩小误差（Shrinkage）三部分。逐步缩小误差的思想认为，每次走一小步逐渐逼近结果的效果相比于每次迈一大步逼近的结果能更好地避免过拟合，即认为每一棵树只学到了真值的一部分。回归树的总体流程跟分类树相似，但在每个节点都可以得到一个预测值。回归树在进行分支时，会穷举每个特征的每个阈值找到最佳分割点，但衡量最佳分割点的标准不再是使用最大熵进行选择（分类树的选择方式），而是计算最小化均方差，通过不断令均方差最小来找到最可靠的分支依据。

与随机森林方法不同，梯度提升采用连续的方式构造树，每棵树都试图纠正前一棵树的错误。梯度提升算法共需要 m 次迭代，每次迭代产生一个模型，需要让每次迭代产生的模型对应的训练集的损失函数最小。为此，采用梯度下降方法，在每次迭代时通过沿损失函数的负梯度方向进行搜索以使损失函数下降最快，最后将每阶段的模型加权相加得到预测模型。GBRT 模型计算的基本流程如下：

（1）初始化设置根节点预测值为所有目标量的均值 $F_0(x) = \dfrac{\sum\limits_{i=1}^{N} y_i}{N}$。

（2）计算每个样本当前值和真值的残差 $r_m = y_i - F_m(x_i)$。

（3）基于所有残差训练一棵回归树 $h_m(x)$。

（4）计算该回归树对应的权重 $r_m = \dfrac{\sum\limits_{i=1}^{N} r_{im} h_m(x_i)}{\sum\limits_{i=1}^{N} h_m(x_i)}$。

（5）更新整个模型 $F_m(x) = F_{m-1}(x) + r_m h_m(x)$。

梯度提升树通常使用较浅的深度，这样模型占用内存少，预测速度也快。注意，每棵树只能对部分数据做出合理预测，因此，添加的树越多，可以不断迭代提高性能。GBRT 模型的优点还包括对混合型数据的自然处理（异构特征）、强大的预测能力、在输出空间中对异常点的鲁棒性（通过具有鲁棒性的损失函数实现）等。使用此模型时，需对如下变量进行设置：决策树的数量设定为 n_estimators = 100，学习率设定为 learning_rate = 0.1，最大树深度设定为 max_depth = 5。

8. 核岭回归树模型

核岭回归（Kernel Ridge，KR）由使用内核方法的岭回归（使用 l_2 正则化的最小二乘法）算法所组成。给定训练集 $(x_i, y_i)_{i=1}^{N}$，其中 $x_i \in R^d$，$y_i \in R$。令 ϕ 为 $R^d \to R^m$ 的特征映射，则核岭回归问题可表示为

$$\min_{w \in R^m} \frac{\lambda}{2} \|w\|^2 + \sum_{i=1}^{N} (w^T \phi(x_i) - y_i)^2 \tag{1-27}$$

需要推导预测函数 $f(x) = \hat{w}^T \phi(x_i)$，且利用核函数 $k(x, y) = \phi(x)^T \phi(y)$ 使得 $f(x)$ 不需要在高维空间计算 ϕ。经过矩阵变换，最后得到的预测函数 $f(x)$ 为

$$f(x) = 2y^T (\lambda I_N + 2K)^{-1} k(x) \tag{1-28}$$

式中：y 为训练集；$k(x)$ 为由特征映射 ϕ 构成的核函数，定义为

$$k(x)=\left[\phi(x_1)^{\mathrm{T}}\phi(x),\cdots,\phi(x_N)^{\mathrm{T}}\phi(x)\right]^{\mathrm{T}}=\left[k(x_1,x),\cdots,k(x_N,x)\right]^{\mathrm{T}}$$
(1-29)

KR 学习模型的形式与支持向量回归是一样的，但是它们使用不同的损失函数：核岭回归使用平方误差损失函数，而支持向量回归使用 ε（不敏感损失），但两者均使用 l_2 正则化。使用此模型时，需对如下变量进行设置：影响系数为 $\alpha=1$，核函数为径向基函数 RBF（kernel=rbf），模型自由度为 degree=3。

1.3.3 基础物理解析模型

1. 军用桥梁装备效能计算基础物理解析模型

1）桥梁架设能力模型

$$P_{\mathrm{qljs}}=\frac{\lambda_{\mathrm{qljs}}}{\lambda_{\mathrm{qljs0}}}=\frac{(l_{\mathrm{qljs}}/t_{\mathrm{qljs}})}{(L_{\mathrm{qljs}}/T_{\mathrm{qljs}})}=\frac{l_{\mathrm{qljs}}\cdot T_{\mathrm{qljs}}}{L_{\mathrm{qljs}}\cdot t_{\mathrm{qljs}}}$$
(1-30)

式中：P_{qljs} 表示桥梁架设能力；λ_{qljs} 表示实际桥梁架设效率；λ_{qljs0} 表示大纲规定桥梁架设效率；l_{qljs} 表示实际桥梁架设长度；t_{qljs} 表示实际桥梁架设用时；L_{qljs} 表示大纲规定桥梁架设长度；T_{qljs} 表示大纲规定桥梁架设用时。

2）桥梁撤收能力模型

$$P_{\mathrm{qlcs}}=\frac{\lambda_{\mathrm{qlcs}}}{\lambda_{\mathrm{qlcs0}}}=\frac{(l_{\mathrm{qlcs}}/t_{\mathrm{qlcs}})}{(L_{\mathrm{qlcs}}/T_{\mathrm{qlcs}})}=\frac{l_{\mathrm{qlcs}}\cdot T_{\mathrm{qlcs}}}{L_{\mathrm{qlcs}}\cdot t_{\mathrm{qlcs}}}$$
(1-31)

式中：P_{qlcs} 表示桥梁撤收能力；λ_{qlcs} 表示实际桥梁撤收效率；λ_{qlcs0} 表示大纲规定桥梁撤收效率；l_{qlcs} 表示实际桥梁撤收长度；t_{qlcs} 表示实际桥梁撤收用时；L_{qlcs} 表示大纲规定桥梁撤收长度；T_{qlcs} 表示大纲规定桥梁撤收用时。

3）桥梁通载能力模型

$$P_{\mathrm{qltz}}=\frac{\lambda_{\mathrm{qltz}}}{\lambda_{\mathrm{qltz0}}}=\frac{(n_{\mathrm{qltz}}/t_{\mathrm{qltz}})}{(N_{\mathrm{qltz}}/T_{\mathrm{qltz}})}=\frac{n_{\mathrm{qltz}}\cdot T_{\mathrm{qltz}}}{N_{\mathrm{qltz}}\cdot t_{\mathrm{qltz}}}$$
(1-32)

式中：P_{qltz} 表示桥梁通载能力；λ_{qltz} 表示实际桥梁通载效率；λ_{qltz0} 表示大纲规定桥梁通载效率；n_{qltz} 表示实际桥梁通载装备数量；t_{qltz} 表示实际桥梁通载用时；N_{qltz} 表示大纲规定桥梁通载装备数量；T_{qltz} 表示大纲规定桥梁通载用时。

4）桥梁保障效能计算模型

$$P_{\mathrm{qlzy}}=w_{\mathrm{qljs}}P_{\mathrm{qljs}}+w_{\mathrm{qlcs}}P_{\mathrm{qlcs}}+w_{\mathrm{qltz}}P_{\mathrm{qltz}}$$
(1-33)

式中：P_{qlzy} 表示军用桥梁装备效能；$w_{\mathrm{qljs}},w_{\mathrm{qlcs}},w_{\mathrm{qltz}}$ 表示桥梁架设能力、桥梁撤收能力和桥梁通载能力的权重。

2. 工程侦察装备效能计算基础物理解析模型

1) 工程侦察覆盖率模型

$$S_{zc0} = L \cdot H \tag{1-34}$$

$$S_{zc1} = M_1 \cdot k \left[\frac{T_{zc}}{T_{zc0}} \right] \tag{1-35}$$

$$P_{zczy} = \frac{S_1}{S_0} = \left(M_1 \cdot k \left[\frac{T_{zc}}{T_{zc0}} \right] \right) / (L \cdot H) \tag{1-36}$$

式中：P_{zczy} 表示工程侦察覆盖率，如果 $P_{zczy} \geq 1$，则表示能够侦察整个上级指定侦察地域，否则，只能部分完成；S_{zc0} 表示实际侦察地域的面积（km²）；S_{zc1} 表示现有作业力在规定时间内所能完成的作业量（km²）；L 表示上级指定侦察地域的正面宽度（km）；H 表示上级指定侦察地域的纵深（km）；M_1 表示现有侦察组的数量（个）；k 表示影响因数修正系数，由地形影响作业力修正系数、敌情影响系数、气象干扰修正系数、亮度影响系数、人员素质影响系数、协同影响系数组成；T_{zc} 表示规定的作业时间（min）；T_{zc0} 表示 1 个侦察组完成单位面积侦察所需的时间（min）。

2) 情报获取能力模型

$$P_{zchq} = w_1 \lambda_{KC} + w_2 \lambda_{DZ} + w_3 \lambda_{JH} + w_4 \lambda_{WZ} \tag{1-37}$$

$$\lambda_{KC} = s_{KC} / t_{KC}, \lambda_{DZ} = n_{DZ} / N_{DZ} \tag{1-38}$$

$$\lambda_{JH} = t_{JH} / EX_{JH}, \lambda_{WZ} = n_{WZ} / (T_{WZ} \cdot N_{WZ}) \tag{1-39}$$

式中：P_{zchq} 表示情报获取能力；λ_{KC} 表示工程勘测能力，为工程勘察面积 s_{KC} 与勘测作业时间 t_{KC} 比值，勘测作业时间包括工程勘察作业准备时间和三维成图响应时间；λ_{DZ} 表示地质侦察能力，为探测发现目标个数 n_{DZ} 与预设目标个数 N_{DZ} 比值；λ_{JH} 表示江河侦察能力，为河床断面成图时间 t_{JH} 与作战期望成图时间 EX_{JH} 比值，河床断面成图时间包括从开始下河侦察至河床断面成图 1 个作业流程所需总时间；λ_{WZ} 表示伪装侦察能力，为单位时间内 T_{WZ} 发现目标个数 n_{WZ} 与预设目标个数 N_{WZ} 比值；w_1, w_2, w_3, w_4 表示工程勘测能力、地质侦察能力、江河侦察能力、伪装侦察能力相对于情报获取能力的指标权重。

3) 情报处理能力模型

$$P_{zcqb} = w_1 \lambda_{HC} + w_2 \lambda_{BG} = w_1 (n_{HC} / t_{HC} \cdot N) + w_2 \left(\sum_{i=1}^{M} t_{BG}(i) \bigg/ M \right) \tag{1-40}$$

式中：P_{zcqb} 表示情报处理能力；λ_{HC} 表示单位时间内 t_{HC} 情报信息处理后回传成功次数 n_{HC} 与回传总次数 N 比值；λ_{BG} 表示拟制 1 次侦察报告所需平均时间；$\sum_{i=1}^{M} t_{BG}(i)$ 表示任务期间拟制的侦察报告总时间；M 表示任务期间拟制的侦察

报告总数。

4) 工程侦察效能计算模型

$$P_{zc}=w_{zczy}P_{zczy}+w_{zchq}P_{zchq}+w_{zcqb}P_{zcqb} \qquad (1-41)$$

式中：P_{zc} 表示工程侦察装备效能；$w_{zczy},w_{zchq},w_{zcqb}$ 分别表示工程侦察覆盖率、情报获取能力和情报处理能力的权重。

3. 渡河装备效能计算基础物理解析模型

1) 门桥作业能力分析计算模型

（1）门桥结合与分解效率模型。

$$P_{mqjf}=\frac{1}{2}(T_{mqjs}/T_{mqjs0}+T_{mqfj}/T_{mqfj0}) \qquad (1-42)$$

$$T_{mqjs}=t_{dlzl}+t_{qkl}+t_{dlql}+t_{szdb}+t_{tsdq} \qquad (1-43)$$

$$T_{mqfj}=t_{dqjf}+t_{tbsh}+t_{qkdf}+t_{qkfj}+t_{dlzf} \qquad (1-44)$$

式中：P_{mqjf} 表示门桥结合与分解效率；T_{mqjs} 表示 1 个作业单元架设 1 组门桥所需时间；T_{mqjs0} 表示上级规定 1 个作业单元架设 1 组门桥所需时间；T_{mqfj} 表示 1 个作业单元分解撤收 1 组门桥所需时间；T_{mqfj0} 表示上级规定 1 个作业单元分解撤收 1 组门桥所需时间；t_{dlzl} 表示连接动力舟时间；t_{qkl} 表示连接桥跨时间；t_{dlql} 表示连接桥跨与动力舟时间；t_{szdb} 表示设置搭板时间；t_{tsdq} 表示提升端桥节时间；t_{dqjf} 表示放下端桥节时间；t_{tbsh} 表示收回跳板时间；t_{qkdf} 表示分解桥跨与动力舟时间；t_{qkfj} 表示分解桥跨时间；t_{dlzf} 表示分解动力舟时间。

（2）门桥漕渡效率模型。

$$P_{mqcd}=\frac{\dfrac{N_{mqhz}}{T_{mqcd}}}{\lambda_{mqcd0}} \qquad (1-45)$$

式中：P_{mqcd} 表示门桥漕渡效率，表示 1 航次时间内 1 组门桥满载漕渡荷载数；N_{mqhz} 表示 1 组门桥满载漕渡荷载数（基于载重量）；λ_{mqcd0} 表示上级规定 1 航次时间内 1 组门桥满载漕渡荷载数；T_{mqcd} 表示门桥漕渡时间，其计算公式如下：

当门桥满载航速与空载航速差别不大，岸边流速较缓时，可以表示为

$$T_{mqcd}=\frac{2(B+L)}{V_1}+e \qquad (1-46)$$

当门桥满载航速与空载航速差别不大，岸边流速较大时，可以表示为

$$T_{mqcd}=\frac{2B}{V_1}+\frac{4L}{2V_1-V}+e \qquad (1-47)$$

当门桥满载航速与空载航速差别较大，岸边流速较大时，可以表示为

第1章 绪论

$$T_{mqcd} = \frac{B}{V_1}\left(1+\frac{2\beta V}{2V_1-V}\right)+\frac{B}{V_{空}}\left(1+\frac{2\beta V}{2V_{空}-V}\right)+e \quad (1-48)$$

式中：B 表示河幅；L 表示偏流距离；V_1 表示门桥航速；e 表示门桥装载、卸载（含靠离岸）作业时间；V 表示水流流速；$V_{空}$ 表示门桥空载航速；β 表示江河平均流速修正系数，$\beta=0.9$；同时漕渡 2、4、6、8、10、12 个荷载时，时间分别增加 2、4、6、9、12、15min。

（3）门桥效能模型。

$$P_{mqzy} = w_{mqjf}P_{mqjf}+w_{mqcd}P_{mqcd} \quad (1-49)$$

式中：P_{mqzy} 表示门桥效能；w_{mqjf}, w_{mqcd} 分别表示门桥结合与分解效率和门桥漕渡效率的权重。

2）浮桥作业能力计算模型

（1）浮桥架设与撤收效率模型。

$$P_{fqjc} = \frac{1}{2}(p_{fqjs}+p_{fqcs}) = \frac{1}{2}(L_{fq}/T_{fqjs}+L_{fq}/T_{fqcs}) \quad (1-50)$$

$$T_{fqjs} = t_{gzzq}+t_{qjfq}+t_{fqbs}+t_{jzqz}, \quad t_{qjfq}=t_1(n-n_1) \quad (1-51)$$

$$T_{fqcs} = t_{fqfj}+t_{qczz} \quad (1-52)$$

式中：P_{fqjc} 表示浮桥架设与撤收效率；p_{fqjs} 表示舟桥器材泛水后，1个作业单元单位时间内架设浮桥长度；p_{fqcs} 表示1个作业单元单位时间内撤收浮桥长度；L_{fq} 表示浮桥长度；T_{fqjs} 表示浮桥架设时间；t_{gzzq} 表示构筑栈桥作业时间；t_{qjmq} 表示连接桥接浮桥作业时间；t_{fqbs} 表示浮桥闭塞作业时间；t_{jzqz} 表示校正桥轴线作业时间；t_1 表示连接1个桥接门桥作业时间；n 表示桥节门桥数；n_1 表示两岸架设时，门桥数量较少一岸的桥节门桥数；T_{fqcs} 表示浮桥撤收时间；t_{fqfj} 表示浮桥分解时间；t_{qczz} 表示器材装载时间。

（2）浮桥通载效率模型。

$$P_{fqtz} = \frac{(T_{tzxd} \cdot V)/K-L_{fq}-L_1}{L+a} \quad (1-53)$$

式中：P_{fqtz} 表示浮桥通载效率，限定时间内通过浮桥荷载数量；T_{tzxd} 表示荷载通过浮桥的限定时间（s）；V 表示荷载通过浮桥时容许行驶速度（m/s）；L_{fq} 表示浮桥长度（m）；L_1 表示荷载梯队间隔距离（m）；a 表示荷载通过浮桥时的间隔（m）；K 表示通载影响系数，一般取 1.0~2.0。

（3）浮桥效能模型。

$$P_{fqzy} = w_{fqjc}P_{fqjc}+w_{fqtz}P_{fqtz} \quad (1-54)$$

式中：P_{fqzy} 表示浮桥效能；w_{fqjc}, w_{fqtz} 分别表示浮桥架设与撤收效率和浮桥通载效率的权重。

4. 探雷装备效能计算基础物理解析模型

1) 地雷探知率模型

$$P_{dltz} = \frac{n_{dltz}}{N_{ysdl}} \quad (1-55)$$

式中：P_{dltz} 表示地雷探知率；n_{dltz} 表示探测地雷个数；N_{ysdl} 表示预设雷场地雷总数。

2) 探雷虚警率模型

$$P_{tlxj} = \frac{n_{tlxj}}{S_{lcmj}} \quad (1-56)$$

式中：P_{tlxj} 表示探雷虚警率；n_{tlxj} 表示探测虚警次数；S_{lcmj} 表示探测雷场面积。

3) 探雷效能模型

$$P_{tlzy} = w_{dltz}P_{dltz} + w_{tlxj}P_{tlxj} \quad (1-57)$$

式中：P_{tlzy} 表示探雷装备效能；w_{dltz}, w_{tlxj} 分别表示地雷探知率和探雷虚警率的权重。

5. 扫雷破障装备效能计算基础物理解析模型

1) 通路合格率模型

$$P_{tlhg} = l_{tlhg}/L_{tl} \quad (1-58)$$

式中：P_{tlhg} 表示通路合格率；l_{tlhg} 表示合格通路长度，判定合格时，主要根据障碍破除的效果能否满足需求，如坦克通路宽度不小于 5m 要求；L_{tl} 表示通路实际长度。

2) 时限满足度模型

$$P_{tlsx} = T_{tlsx}/t_{tlsx} \quad (1-59)$$

式中：P_{tlsx} 表示时限满足度，若 $T_{tlsx} \geq t_{tlsx}$，则 $P_{tlsx} = 1$；T_{tlsx} 表示通路开辟任务时限；t_{tlsx} 表示通路克服实际时间。

3) 任务完成度模型

$$P_{tlrw} = \lambda_{tlgs} \cdot \lambda_{tlcd} = (n_{tlgs}/N_{tlgs})(l_{tlgs}/L_{tlgs}) \quad (1-60)$$

式中：P_{tlrw} 表示任务完成度；λ_{tlgs} 表示通路数量完成度；λ_{tlcd} 表示通路长度完成度；n_{tlgs} 表示实际完成通路数量；N_{tlgs} 表示上级规定开辟通路数量；l_{tlgs} 表示实际完成通路长度；L_{tlgs} 表示上级规定开辟通路长度。

4) 扫雷破障装备效能模型

$$P_{slzy} = w_{tlhg}P_{tlhg} + w_{tlsx}P_{tlsx} + w_{tlrw}P_{tlrw} \quad (1-61)$$

式中：P_{slzy} 表示扫雷破障装备效能；$w_{tlhg}, w_{tlsx}, w_{tlrw}$ 分别表示通路合格率、时限满足度和任务完成度的权重。

6. 伪装装备效能计算基础物理解析模型

1) 迷彩伪装作业效率模型

$$P_{\text{mcwz}} = T_{\text{mcwz}} \cdot C_{\text{mcwz}} \tag{1-62}$$

式中：P_{mcwz} 表示单位时间内 1 部迷彩作业车喷涂目标数量（台或辆）；T_{mcwz} 表示 1 台迷彩伪装作业车单位作业时间（机时）；C_{mcwz} 表示 1 台迷彩伪装作业车伪装作业能力（目标/机时），可通过性能试验数据获取。

2) 遮障伪装作业效率模型

$$P_{\text{zzwz}} = \frac{T_0}{\sum_{j=1}^{3} T_{0j}} \tag{1-63}$$

式中：P_{zzwz} 表示单位时间内 1 个作业单元遮障伪装目标数；T_0 表示给定的作业时间（h）；T_{0j} 表示遮障所需时间，分别表示水平遮障、垂直遮障、掩盖遮障时间（h）。假如 1 个战术目标仅用掩盖遮障时，其余遮障方式时间为 0。

3) 假目标伪装作业效率模型

$$P_{\text{jmbwz}} = T_{\text{jmbwz}} \cdot C_{\text{jmbwz}} \tag{1-64}$$

式中：P_{jmbwz} 表示单位时间内 1 个作业单元；T_{jmbwz} 表示 1 个作业单元实施假目标设置作业时间（h）；C_{jmbwz} 表示 1 个作业单元假目标设置能力（个/班时），可通过性能试验数据获取。

4) 伪装目标发现概率模型

$$Q_i = \frac{n_i}{N} \times 100\%, \quad \overline{Q} = \frac{1}{K} \sum_{i=1}^{K} Q_i \tag{1-65}$$

式中：Q_i 表示第 i 个判读员对目标的发现概率；$\overline{Q}$ 表示目标的平均发现概率；n_i 表示第 i 个判读员发现目标的个数；N 表示目标总数；K 表示判读员的总人数。

7. 构工装备效能计算基础物理解析模型

1) 构工作业效率模型

$$P_{\text{ggxl}} = \frac{Q_{\text{ggxl}}}{K_i \cdot T_{\text{ggxl}}} \tag{1-66}$$

式中：P_{ggxl} 表示构工作业效率；Q_{ggxl} 表示构工作业土方量；K_i 表示构工作业类型系数。当构筑堑交壕时，作业类型参数为深度 1.2m、口宽 0.9m、底宽 0.7m，$K_i = 0.96$，当构筑阻绝壕时，作业类型参数为深度 2.5m、口宽 3.5m、底宽 2.5m，$K_i = 0.75$，当构筑阻绝墙时，高度 2.5m，厚度 2m，$K_i = 5$，以此类推；T_{ggxl} 表示构工作业时间。

2) 构工任务完成度模型

$$P_{\text{ggwc}} = \frac{Q_{\text{gg}}}{Q_0} \qquad (1-67)$$

式中：P_{ggwc} 表示构工任务完成度；Q_{gg} 表示构工作业土方量（规定时间内完成）；Q_0 表示构工作业土方量（规定时间内需完成）。

3) 构筑工事效能模型

$$P_{\text{ggzy}} = w_{\text{ggxl}} P_{\text{ggxl}} + w_{\text{ggwc}} P_{\text{ggwc}} \qquad (1-68)$$

式中：P_{ggzy} 表示构工装备效能；$w_{\text{ggxl}}, w_{\text{ggwc}}$ 分别表示构工作业效率和构工任务完成度的权重。

8. 布雷装备效能计算基础物理解析模型

1) 作业布雷面积符合度模型

作业布雷面积符合度是指 1 次编组齐射，不同射程、不同弹药装填模式下，雷弹撒布有效面积与任务雷场面积之比。

$$P_{\text{bzbl}} = s_{\text{blyx}} / s_{\text{blrw}} = s_{\text{blyx}} / (W_{\text{blrw}} \cdot H_{\text{blrw}}) \qquad (1-69)$$

式中：P_{bzbl} 表示作业布雷面积符合度；s_{blyx} 表示有效布雷面积；s_{blrw} 表示上级拟定的布雷区域；$W_{\text{blrw}}, H_{\text{blrw}}$ 表示任务区域的雷场正面、雷场纵深。根据美军对防坦克雷场进行的对抗性仿真实验表明：当雷场面密度（地雷场中每平方米内地雷数的平均值）为 0.0016 时，毁伤概率为 50%；当雷场面密度为 0.005 时，毁伤概率为 80%，并将 0.016 作为最小可信密度。

2) 作业准备快捷度模型

作业准备快捷度评价编组作业展开与撤收、组网联通、操炮与装定发火程序、射击诸元设定等作业准备时间与预期战术给定时间的符合程度。

$$P_{\text{bzzb}} = T_{\text{bzzb}} / \text{EXT}_{\text{bzzb}} \qquad (1-70)$$

式中：P_{bzzb} 表示编组作业准备快捷度；T_{bzzb} 表示 1 次齐射作业准备时间，包括战斗编组展开时间、组网联通时间、装定发火程序时间、射击诸元参数设定时间、操炮时间（自动/手动）、预期战术给定时间；EXT_{bzzb} 表示 1 次齐射作业准备时间期望值。

3) 雷弹补给相对快捷度模型

雷弹补给相对快捷度表示利用弹药车对 1 辆布雷车 1 次装填弹药时间与人工直接对布雷车装填时间比。

$$P_{\text{ldbj}} = T_{\text{ldcb}} / T_{\text{ldrb}} \qquad (1-71)$$

式中：P_{ldbj} 表示雷弹补给相对快捷度；T_{ldcb} 表示弹药车向布雷车补给弹药时间，包括弹药车向布雷车补弹时间、弹药车对装填机补弹时间；T_{ldrb} 表示人工向布雷车补弹时间。

4）布雷装备效能模型

$$P_{\mathrm{ldbj}} = w_{\mathrm{bzbl}} P_{\mathrm{bzbl}} + w_{\mathrm{bzzb}} P_{\mathrm{bzzb}} + w_{\mathrm{ldbj}} P_{\mathrm{ldbj}} \tag{1-72}$$

式中：P_{jdbl} 表示机动布雷装备效能；$w_{\mathrm{bzbl}}, w_{\mathrm{bzzb}}, w_{\mathrm{ldbj}}$ 分别表示编组作业布雷面积符合度、编组作业准备快捷度和雷弹补给相对快捷度的权重。

1.3.4 基于拟牛顿法的参数优化方法

采用拟牛顿法（BFGS）进行参数优化，用 BFGS 矩阵作为拟牛顿法中对称正定迭代矩阵的方法，具备拟牛顿法不用计算二阶导数，不用进行矩阵求逆的优点，当数据量较大时，也提供了改进的 L-BFGS 和 L-BFGS-B 算法。首先，构造目标函数在当前迭代步 x_k 的二次模型为

$$x_k(p) = f(x_k) + \nabla f(x_k)^{\mathrm{T}} p + \frac{p^{\mathrm{T}} B_k p}{2} \tag{1-73}$$

式中：$p_k = -B_k^{-1} \nabla f(x_k)$，这里 B_k 是一个对称正定矩阵。取这个二次模型的最优解作为搜索方向，并且得到新的迭代点为

$$x_{k+1} = x_k + \alpha_k p_k \tag{1-74}$$

式中：α_k 表示迭代步长，满足 Wolfe 条件。这样的迭代与牛顿法类似，区别在于用近似的 Hesse 矩阵 B_k 代替真实的 Hesse 矩阵。所以，拟牛顿法的关键之处在于每一步迭代中 B_k 的更新，假设得到一个新的迭代 x_{k+1} 下的二次模型为

$$m_{k+1}(p) = f(x_{k+1}) + \nabla f(x_{k+1})^{\mathrm{T}} p + \frac{p^{\mathrm{T}} B_{k+1} p}{2} \tag{1-75}$$

利用上一步的信息来选取 B_k，要求 $\nabla f(x_{k+1}) - \nabla f(x_k) = \alpha_k B_{k+1} p_k$，从而得

$$B_{k+1}(x_{k+1} - x_k) = \nabla f(x_{k+1}) - \nabla f(x_k) \tag{1-76}$$

而 BFGS 公式的迭代矩阵为

$$B_{k+1} = B_k - \frac{B_k s_k s_k^{\mathrm{T}} B_k}{s_k^{\mathrm{T}} B_k s_k} + \frac{y_k y_k^{\mathrm{T}}}{y_k^{\mathrm{T}} s_k}, \quad s_k = x_{k+1} - x_k \tag{1-77}$$

矩阵 B_k 同样保持正定性，并且满足极小性：

$$\min_H |H - H_k|_{\mathrm{s.t.} H = H^{\mathrm{T}}}, \quad H y_k = s_k \tag{1-78}$$

1.3.5 基于量化打分机制的最优模型自动选择方法

基于量化打分机制的最优模型构建方法，选用基于样本相关系数、解释方差得分、平均绝对误差、均方误差、最大误差、中位绝对误差在内的 6 项统计学误差作为评估指标实施模型评估，并选取得分最高者作为最优智能学习模

型。对每一种模型（多项式回归、高斯过程回归、支持向量机、多层感知回归、决策树回归、随机森林回归、梯度提升回归树和核岭回归），选用样本相关系数 r^2、解释方差得分（Explained Variance Score，EVS）、平均绝对误差（Mean Absolute Error，MAE）、均方误差（Mean Square Error，MSE）、平均相对误差（Mean Relative Error，MRE）、最大误差（Maximum Error，ME）、中位绝对误差（Median Absolute Error，MEAE）在内的 7 项统计学误差作为评估指标，对其进行全面的分析，其流程如图 1-3 所示。

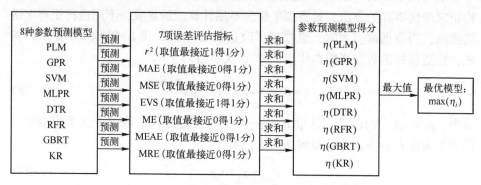

图 1-3　基于量化打分机制的最优模型构建流程

各项误差评估指标的计算公式如下：
（1）样本相关系数 r^2

$$r^2 = 1 - \frac{\sum_{i=0}^{n-1}(y_i - \hat{y}_i)^2}{\sum_{i=0}^{n-1}(y_i - \bar{y}_i)^2}, \bar{y} = \frac{1}{n}\sum_{i=0}^{n-1} y_i \tag{1-79}$$

（2）解释方差得分（EVS）

$$\text{EVS} = 1 - \frac{\text{var}\{y - \hat{y}\}}{\text{var}\{y\}} \tag{1-80}$$

（3）平均绝对误差（MAE）

$$\text{MAE} = \frac{1}{n}\sum_{i=0}^{n-1}|y_i - \hat{y}_i| \tag{1-81}$$

（4）均方误差（MSE）

$$\text{MSE} = \frac{1}{n}\sum_{i=0}^{n-1}(y_i - \hat{y}_i)^2 \tag{1-82}$$

（5）平均相对误差（MRE）

$$\mathrm{MRE} = \frac{1}{n}\sum_{i=0}^{n-1}\frac{|y_i - \hat{y}_i|}{|y_i|} \tag{1-83}$$

（6）最大误差（ME）

$$\mathrm{ME} = \max(|y_i - \hat{y}_i|) \tag{1-84}$$

（7）中位绝对误差（MEAE）

$$\mathrm{MEAE} = \mathrm{median}(|y_i - \mathrm{median}(y)|) \tag{1-85}$$

式中：y_i 表示第 i 个点的真值；$\hat{y}_i$ 表示第 i 个点的预测值；n 表示训练点的数；y 表示所有真值构成的向量。其中，样本相关系数 r^2、解释方差得分（EVS）的数值越接近于1，说明模型的准确性越好，基于该特征确定分值计算方法：

$$\eta_i = \frac{\chi_{1,i} - \min(\chi_{1,i})}{\max(\chi_{1,i}) - \min(\chi_{1,i})} \tag{1-86}$$

式中：$\chi_{1,i}$ 表示 r^2 和 EVS 的指标计算结果；$\max(\chi_{1,i})$，$\min(\chi_{1,i})$ 表示 2 个模型 $\chi_{1,i}$ 计算结果中的最大值、最小值。而关于平均绝对误差（MAE）、均方误差（MSE）、平均相对误差（MRE）、最大误差（ME）、中位绝对误差（MEAE），数值越大说明模型计算准确性越好，基于该特征确定分值计算方法：

$$\eta_i = 1 - \frac{|\chi_{2,i} - \min(\chi_{2,i})|}{|\max(\chi_{2,i}) - \min(\chi_{2,i})|} \tag{1-87}$$

式中：$\chi_{2,i}$ 表示 MAE、MSE、MRE、ME 和 MEAE 的指标计算结果；$\max(\chi_{2,i})$，$\min(\chi_{2,i})$ 表示 5 个模型计算结果的最大值和最小值。

1.4 工程装备效能计算模型构建方法

根据工程装备效能数据类型，根据数据量的大小采用不同的模型构建方法，解决工程装备效能计算的难题。当数据量较少时，针对工程装备类型，在构建的工程装备效能计算基础解析模型基础上，利用智能优化算法，对相关的参数进行寻优，确定最优的工程装备效能计算物理解析模型。当数据量较大时，针对工程装备类型，通过自动选择常用的智能学习模型（GP、NN 等）对训练样本进行训练，得到最优的工程装备效能计算智能学习模型。

1.4.1 基于智能优化的物理解析模型构建方法

在基础物理解析模型的基础上，利用数据驱动的方法用于从试验数据中学习隐藏的非线性映射规律，以及机理模型中难以标定的各影响条件的修正系数等参数，再将其传递至下游的物理模型中，输出预测结果，其流程框图如

图 1-4 所示。

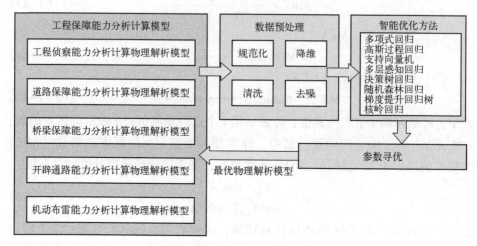

图 1-4 基于智能优化的物理解析模型构建流程

步骤 1：获取原始数据 $D=\{X\in \mathbf{R}^{n\times d}, Y\in \mathbf{R}^n\}$，并对其进行数据清洗、数据降维、数据去噪、数据归一化、缺失数据填补等预处理。

步骤 2：在完成数据清洗工作后，需结合多项式回归、高斯过程回归、支持向量机、多层感知回归、决策树回归、随机森林回归、梯度提升回归树以及核岭回归 8 种数据驱动的挖掘建模方法，针对工程保障能力分析计算的指标，分别进行训练模型（与基于数据驱动的智能学习模型构建方法一致）。

步骤 3：对每一种数据驱动的挖掘建模方法，选用基于样本相关系数、解释方差得分、平均绝对误差、均方误差、平均相对误差、最大误差、中位绝对误差在内的 7 项统计学误差作为评估指标实施模型评估，并选取得分最高者作为最优机器学习模型，然后进行预测工程保障能力分析计算的指标值（与基于数据驱动的智能学习模型构建方法一致）。

步骤 4：构建工程保障能力分析计算基础物理解析模型。

步骤 5：采用拟牛顿法（BFGS）进行参数优化，当数据量较大时，可采用改进的 L-BFGS 和 L-BFGS-B 算法，得到最终的工程保障能力分析计算物理解析模型。

1.4.2 基于数据驱动的智能学习模型构建方法

结合充足的训练样本，直接利用基于数据驱动的深度学习算法，从大量试验数据中直接挖掘学习输入和输出之间的复杂映射关系，无须构造显式的物理机理模型，减弱对人为经验和解析模型的依赖，其流程如图 1-5 所示。

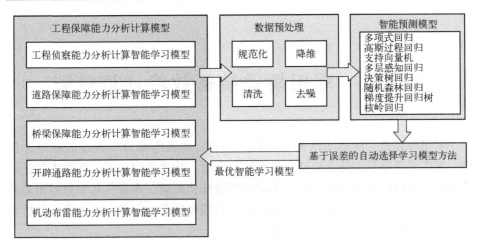

图 1-5　基于数据驱动的智能学习模型构建流程

步骤 1：数据预处理。获取原始数据 $D=\{X\in \mathbf{R}^{n\times d}, Y\in \mathbf{R}^{n}\}$，并对其进行预处理。预处理模块中包含数据清洗、数据降维、数据去噪、数据归一化、缺失数据填补、中文字符编码和数据可视化功能。

步骤 2：经过预处理后的数据将被送至机器学习模型中进行训练和预测。在训练部分选用了 8 种先进的机器学习方法，具体包括多项式回归、高斯过程回归、支持向量机、多层感知回归、决策树回归、随机森林回归、梯度提升回归树和核岭回归。

步骤 3：基于量化打分机制的最优模型构建方法，选用基于样本相关系数、解释方差得分、平均绝对误差、均方误差、平均相对误差、最大误差、中位绝对误差在内的 7 项统计学误差作为评估指标实施模型评估，并选取得分最高者作为最优智能学习模型。

步骤 4：调用最优模型，直接输出对应模型的评价指标预测。最后确定工程保障能力分析计算智能学习模型。

第 2 章 军用桥梁装备效能计算模型

军用桥梁是为保障军队通过江河、峡谷、沟渠等障碍而架设的临时性桥梁，其主要任务是在远程机动、长距离奔袭时，快速架设桥梁，克服不易迂回的弹坑、天然沟渠等障碍，保障不间断的摩托化机动。本章从基于数据驱动的智能学习模型构建方法和基于智能优化的物理解析模型构建方法入手，分析确定军用桥梁装备效能计算的最优模型。

2.1 军用桥梁装备效能计算最优物理解析模型

桥梁装备采集数据情况如图 2-1 所示。其中，对角线上是每个变量的分布曲线图，可以看到各个变量在不同区间内的分布情况；非对角线上是变量两两之间的相关性回归分析图，可以初步分析变量之间的关联性，如昼夜和桥梁撤收用时。

基于智能优化的解析模型主要由三部分功能组成：针对桥梁装备小样本数据训练智能模型用于预测物理机理计算公式中需要的输入参数；根据提供的桥梁装备数据利用智能优化算法动态寻优得到输入与输出之间的修正系数；将智能模型和优化算法得到的输入参数与修正系数输入物理机理公式中计算最终的各项效能指标。其模型框架如图 2-2 所示。

2.1.1 数据预处理

经过对输入的数据进行分析，因为数据体量较小且数据本身包含的噪声很少，该场景下的数据无须降维和去噪处理，仅需开展数据清洗和归一化处理，数据清洗的结果如图 2-3 所示，归一化操作在模型训练部分完成。

以某次桥梁装备作业为例，军用桥梁数据集为战士手动记录的数据集，共包含参与人员数量、装备类型、障碍宽度、水深、昼夜和桥梁架设用时 6 组变量，每组包含 48 条可用数据（图 2-3 展示了其中 5 组）。为了测试本章所提的数据预处理方法的可行性，特意将数据分为空缺组和对照组，对照组数据不作任何处理，空缺组则将其中第 8 条、第 19 条、第 29 条、第 38 条和第 48 条数据剔除，模拟数据缺失的情形。之后将空缺组送入数据填补模块进行处理，填补结果如表 2-1 所示。

第 2 章　军用桥梁装备效能计算模型

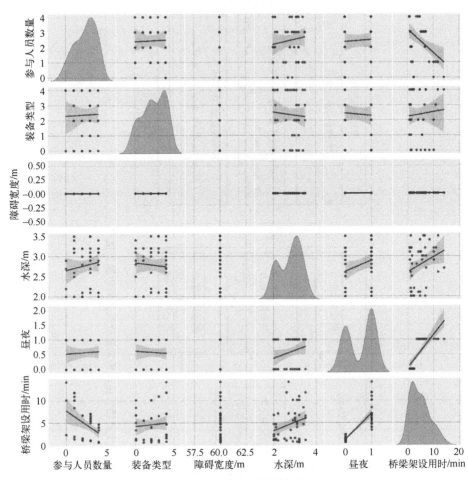

图 2-1　桥梁装备采集数据情况

表 2-1　桥梁装备数据统计量

参数	数据项					
	参与人员数量	装备类型	障碍宽度/m	水深/m	昼夜	桥梁架设用时/min
平均数	2	2	60	2	0	5
中位值	3.0	2.0	60.0	2.0	1.0	5.0
众数	3	4	60	2	1	1
最大值	4	4	60	3.5	1	17.14
最小值	0	0	60	2.0	0	0.75
标准差	1.27	1.48	0.0	0.51	0.49	4.4

25

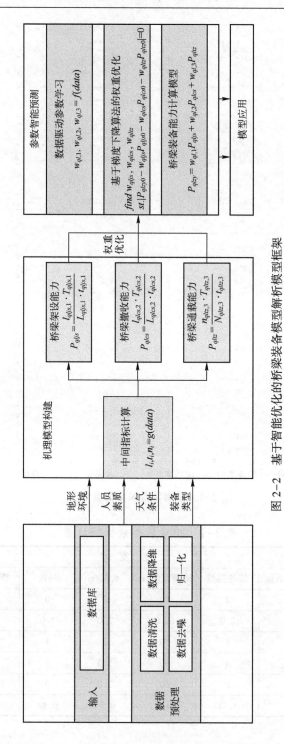

图 2-2 基于智能优化的桥梁装备模型解析模型框架

第 2 章 军用桥梁装备效能计算模型

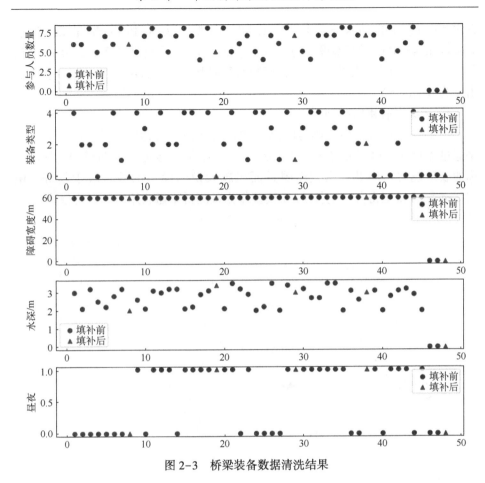

图 2-3 桥梁装备数据清洗结果

2.1.2 智能优化

在获取的数据清洗结果基础上，采用数据量化打分机制，综合比较多项式回归模型、高斯过程回归模型、支持向量机模型、多层感知回归模型、决策树回归模型、随机森林模型、梯度提升回归树模型、核岭回归模型，综合比较选取确定最佳的预测模型。各模型参数配置如下：①PLM 模型：多项式自由度 degree=10，采用线性回归方法；②GPR 模型：常数核的参数设定为 constant=0.1，constantbounds=$(10^{-3}, 10^{-1})$，径向基核函数的尺度参数设定为 lenthscale=0.5，上下边界 lenthscalebounds=$(10^{-4}, 10)$；③SVM 模型：核函数为径向基函数（kernel="rbf"）；④MLPR 模型：学习率 lr=0.01，激活函数 activation="relu"，优化求解器 solver="adam"；⑤DTR 模型：最大树深度 max_depth=5；⑥RFR 模型：设置评判标准为均方误差，即 criterion=mse，决策树的数量设定为 n_estimators = 100；⑦ GBRT 模型：决策树的数量设定为 n_estimators = 100，学习率设定为 learning_rate = 0.1，最大树深度 max_depth = 5；⑧KR 模型：影响系数为 $\alpha=1$，核函数为径向基函数（kernel = "rbf"），模型自由度为 degree = 3。

1. 桥梁撤收用时模型

图 2-4 所示为预测桥梁撤收用时的各指标得分雷达图，其中各项指标都是通过无量纲化得到的（表 2-2～表 2-4），指标越接近 1 说明模型在该项指标的表现越好，因此，雷达图覆盖面积越大说明模型的综合表现越好。由图 2-4 结合模型得分，选择 PLM 模型作为预测桥梁撤收用时的最优模型。

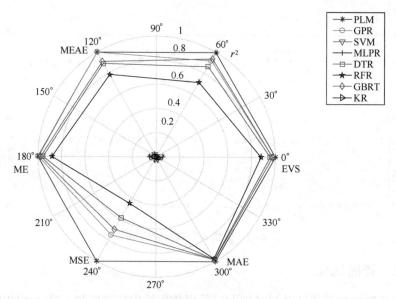

图 2-4 桥梁撤收用时模型得分图

表 2-2 桥梁撤收用时模型得分表

模 型	PLM	GPR	SVM	MLPR	DTR	RFR	GBRT	KR
得 分	6.0	5.63	0.16	0.19	5.24	4.68	5.49	0.0012

表 2-3 桥梁撤收用时实际打分结果

指标	模 型							
	PLM	GPR	SVM	MLPR	DTR	RFR	GBRT	KR
r^2	0.999	0.911	-2.39	-2.36	0.840	0.570	0.915	-2.55

第 2 章 军用桥梁装备效能计算模型

续表

指标	模型							
	PLM	GPR	SVM	MLPR	DTR	RFR	GBRT	KR
EVS	0.999	0.920	0.00338	0.0	0.866	0.713	0.940	0.00116
MAE	0.0264	0.318	3.37	3.35	0.396	0.761	0.325	3.44
MSE	0.00223	0.342	13.0	12.9	0.615	1.65	0.326	13.6
ME	0.151	1.96	4.75	4.74	2.02	2.70	1.48	4.85
MEAE	0.0132	0.142	4.09	4.04	0.0980	0.128	0.0863	4.17

表 2-4 桥梁撤收用时归一化打分结果

指标	模型							
	PLM	GPR	SVM	MLPR	DTR	RFR	GBRT	KR
r^2	1.0	0.975	0.0445	0.0552	0.955	0.879	0.976	0.0
EVS	1.0	0.920	0.00338	0.0	0.866	0.713	0.940	0.00116
MAE	1.0	1.0	0.0227	0.0255	0.891	0.784	0.912	0.0
MSE	1.0	0.999	0.0456	0.0554	0.958	0.882	0.979	0.0
ME	1.0	0.752	0.0256	0.0224	0.587	0.445	0.698	0.0
MEAE	1.0	0.986	0.0213	0.0317	0.982	0.974	0.984	0.0

2. 桥梁架设用时模型

图 2-5 所示为预测桥梁架设用时的各指标得分雷达图,其中各项指标都

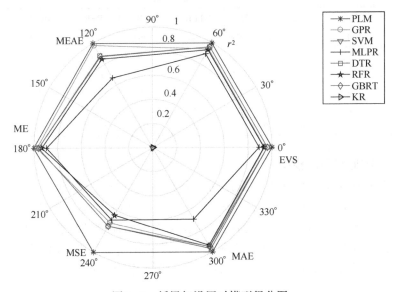

图 2-5 桥梁架设用时模型得分图

是通过无量纲化得到的（表2-5～表2-7），指标越接近1说明模型在该项指标的表现越好，因此，雷达图覆盖面积越大说明模型的综合表现越好。由图可见，相较于其他模型，PLM模型在各项指标上有着全面的表现，其雷达图覆盖面积最大，因此，选择PLM模型作为预测桥梁架设用时的最优模型。

表2-5　桥梁架设用时模型得分表

模型	PLM	GPR	SVM	MLPR	DTR	RFR	GBRT	KR
得分	6.0	5.50	0.0045	4.73	5.49	5.23	5.46	0.0033

表2-6　桥梁架设用时实际打分结果

指标	模型							
	PLM	GPR	SVM	MLPR	DTR	RFR	GBRT	KR
r^2	1.0	0.937	0.000168	0.894	0.961	0.933	0.961	-0.000771
EVS	1.0	0.943	0.00311	0.895	0.962	0.934	0.962	0.00333
MAE	0.0172	0.475	3.42	1.13	0.411	0.518	0.436	3.42
MSE	0.000582	1.18	18.8	1.99	0.738	1.27	0.734	18.8
ME	0.0654	3.95	11.5	3.52	2.86	4.04	2.86	11.5
MEAE	0.0158	0.226	2.86	0.902	0.0850	0.183	0.140	2.86

表2-7　桥梁架设用时归一化打分结果

指标	模型							
	PLM	GPR	SVM	MLPR	DTR	RFR	GBRT	KR
r^2	1.0	0.937	0.000938	0.894	0.961	0.933	0.961	0.0
EVS	1.0	0.943	0.0	0.895	0.962	0.934	0.962	0.00333
MAE	1.0	0.979	0.000366	0.670	0.880	0.849	0.873	0.0
MSE	1.0	0.975	0.000976	0.894	0.961	0.933	0.961	0.0
ME	1.0	0.719	0.0	0.693	0.751	0.647	0.751	0.0
MEAE	1.0	0.949	0.00222	0.686	0.971	0.937	0.952	0.0

3. 桥梁通载用时模型

图2-6所示为预测桥梁通载用时的各指标得分雷达图，其中各项指标都是通过无量纲化得到的（表2-8～表2-10），指标越接近1说明模型在该项指标的表现越好，因此，雷达图覆盖面积越大说明模型的综合表现越好。由图可见，各模型对该项能力的预测普遍较差，结合雷达图覆盖面积，只有RFR模型预测结果较好，因此，选择RFR模型作为预测桥梁通载用时的最优模型。

第 2 章 军用桥梁装备效能计算模型

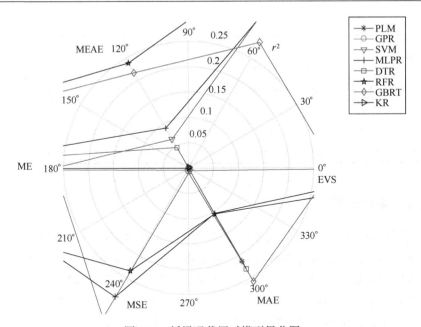

图 2-6 桥梁通载用时模型得分图

表 2-8 桥梁通载用时模型得分表

模型	PLM	GPR	SVM	MLPR	DTR	RFR	GBRT	KR
得分	0.21	0.0	1.78	1.93	0.91	2.62	1.91	0.83

表 2-9 桥梁通载用时实际打分结果

指标	模型							
	PLM	GPR	SVM	MLPR	DTR	RFR	GBRT	KR
r^2	-17.7	-4.49	0.0158	0.0777	-0.345	0.316	0.134	-0.0656
EVS	-17.3	-4.47	0.0331	0.0783	-0.321	0.316	0.163	0.000967
MAE	1.08	0.688	0.308	0.300	0.315	0.251	0.259	0.330
MSE	2.63	0.774	0.139	0.130	0.190	0.0965	0.122	0.150
ME	4.59	1.83	0.703	0.756	1.07	0.642	0.834	0.838
MEAE	0.522	0.605	0.289	0.261	0.224	0.260	0.216	0.291

表 2-10 桥梁通载用时归一化打分结果

指标	模型							
	PLM	GPR	SVM	MLPR	DTR	RFR	GBRT	KR
r^2	0.0	0.0	0.546	0.474	0.0	0.624	0.289	0.0
EVS	0.0	0.0	0.556	0.455	0.0	0.569	0.286	0.00170

续表

指标	模型							
	PLM	GPR	SVM	MLPR	DTR	RFR	GBRT	KR
MAE	0.0	0.0	0.0658	0.0908	0.0466	0.239	0.217	0.0
MSE	0.0	0.0	0.268	0.515	0.632	0.847	0.856	0.824
ME	0.0	0.0	0.342	0.293	0.0	0.234	0.00539	0.0
MEAE	0.213	0.0	0.00639	0.104	0.230	0.105	0.259	0.0

2.1.3 物理计算

由军用桥梁装备计算公式可知，桥梁架设能力由实际桥梁架设用时 T_{qljs}、大纲规定桥梁架设用时等参数决定；桥梁撤收能力由实际桥梁撤收用时 T_{qlcs}、大纲规定桥梁撤收用时等参数决定；桥梁通载能力由实际桥梁通载用时 T_{qltz}、大纲规定桥梁通载用时等参数决定。其中，实际桥梁架设用时 T_{qljs}、实际桥梁撤收用时 T_{qlcs}、实际桥梁通载用时 T_{qltz} 在给定参与人员数量、装备类型、障碍宽度（m）、水深（m）、昼夜等输入条件时可由训练好的最优机器学习模型预测得出，其预测结果如图 2-7 所示；其余参数可通过作战指挥员人为决策指定。

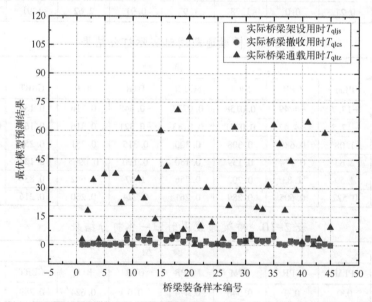

图 2-7 实际桥梁架设用时、实际桥梁撤收用时、实际桥梁通载用时预测结果

通过计算 46 组桥梁架设能力、桥梁撤收能力、桥梁通载能力样本以验证物理机理计算模块的合理性与准确性。计算结果如图 2-8 所示,桥梁架设能力计算结果在 10~60 之间波动;桥梁撤收能力计算结果在 10~70 之间波动;桥梁通载能力计算结果在 0~65 之间波动。在人为决策指定的参数确定时,实际桥梁架设用时 T_{qljs} 越短,桥梁架设能力越高;实际桥梁撤收用时 T_{qlcs} 越短,桥梁撤收能力越高;实际桥梁通载用时 T_{qltz} 越短,桥梁通载能力越高。因此,物理机理计算模块可以正确输出结果,计算结果具有合理性,可供参考。

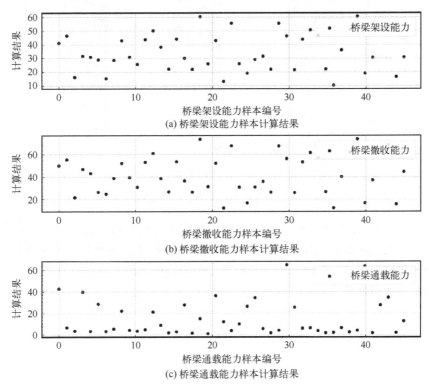

图 2-8 桥梁架设能力、桥梁撤收能力、桥梁通载能力样本计算结果

2.1.4 参数寻优

对于真实的作战环境,需要考虑地形、气象、人员素质等影响因素对于桥梁架设能力、桥梁撤收能力、桥梁通载能力的影响,而军用桥梁装备作业能力由桥梁架设能力、桥梁撤收能力、桥梁通载能力加权聚合得到。因此,计算桥梁装备效能需要确定相应的权重系数以考虑地形、气象、人员素质等对于计算

结果的影响。通过 BFGS 梯度下降优化算法对桥梁撤收能力权重、桥梁架设能力权重、桥梁通载能力参数进行动态寻优，以确定合适的参数，进而确定最终的军用桥梁装备效能计算物理解析模型，如图 2-9 所示。

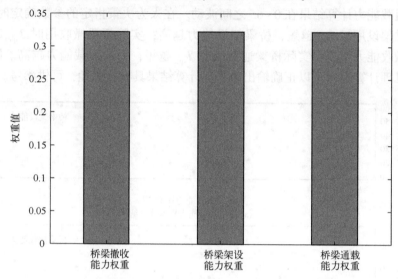

图 2-9 桥梁撤收能力、桥梁架设能力、桥梁通载能力参数优化结果

图 2-10 所示为军用桥梁装备效能参数优化过程的损失迭代曲线，可以看到，随着迭代步数的增加，迭代曲线一直呈下降趋势，在第 330 步附近时，损失函数值接近于 0，此后曲线一直走平，即迭代达到收敛。由军用桥梁装备效能各项参数随迭代步数的变化曲线，可以看到，各项参数均随迭代步数增加而

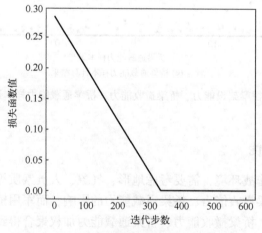

图 2-10 军用桥梁装备效能权重迭代进化流程

降低,在第 330 步附近时,各项系数迭代收敛。由图 2-10 可知,桥梁架设能力的参数为 0.322,桥梁撤收能力的参数为 0.322,桥梁通载能力的参数为 0.322。

2.1.5 结果分析与灵敏度分析

1. 结果分析

为进一步验证军用桥梁装备作业能力分析计算物理解析模型的准确性与可靠性,本章通过 5 组实例化计算表格完整展示了模型的计算流程与计算结果,并将模型预测值与真实值进行了对比,结果如图 2-11 所示。首先,对于给定参与人员数量、装备类型、障碍宽度(m)、水深(m)、昼夜等输入条件,加载训练好的最优机器学习模型,分别预测相应的实际桥梁架设用时 T_{qljs}、实际桥梁撤收用时 T_{qlcs}、实际桥梁通载用时 T_{qltz};其次,将预测得到的参数以及人为决策指定的参数输入物理机理计算模型以计算相应的桥梁架设能力 P_{qljs}、桥梁撤收能力 P_{qlcs}、桥梁通载能力 P_{qltz};再次,利用 BFGS 梯度下降优化算法对桥梁架设能力参数 W_{qljs}、桥梁撤收能力参数 W_{qlcs}、桥梁通载能力参数 W_{qltz} 进行动态寻优;最后,利用效率和权重进行加权聚合,得到军用桥梁装备效能 P_{qlzy}。

由 5 组计算实例中真实值与预测值对比可知,模型预测结果、机理计算结果与真实结果极为接近,误差很小,符合精度要求。进一步说明军用桥梁装备效能计算物理解析模型具有较高的准确性与可靠性。

2. 灵敏度分析

灵敏度分析使用了 Sobol 灵敏度分析方法,通过计算输出参数与各项输入的一阶灵敏度,反映输入变量对于输出结果的影响。样本采样数为 2^{10},采用 L2 正则化方法,各个子模型的敏感性分析结果柱状图如图 2-12 ~ 图 2-14 所示。

由图 2-12 可知,桥梁撤收用时主要受天时和参与人员数量的影响,其他变量对其影响不大。由图 2-13 可知,桥梁架设用时主要受天时和参与人员数量的影响,其余变量对其影响不大。由图 2-14 可知,桥梁通载用时主要受参与人员数量的影响,装备类型、天时以及通载装备数量对其有一定影响,其余变量对其几乎没有影响。

第一组

	输入条件					模型输出			权重优化结果			机理计算结果			能力值
	参与人员数量	装备类型	障碍宽度/m	水深/m	昼夜	T_{qljs}/min	T_{qlcs}/min	T_{qltz}/min	W_{qljs}	W_{qlcs}	W_{qltz}	P_{qljs}	P_{qlcs}	P_{qltz}	P_{qlzy}
真实值	6	4	60	3	0	1.904	1.568	4.576				41.18639	50.01204	42.61066	42.4614
预测值	6	4	60	3	0	1.904	1.568	4.576	0.322088	0.322088	0.322088	41.18639	50.01204	42.61066	43.03789

第二组

	输入条件					模型输出			权重优化结果			机理计算结果			能力值
	参与人员数量	装备类型	障碍宽度/m	水深/m	昼夜	T_{qljs}/min	T_{qlcs}/min	T_{qltz}/min	W_{qljs}	W_{qlcs}	W_{qltz}	P_{qljs}	P_{qlcs}	P_{qltz}	P_{qlzy}
真实值	6	2	60	2.1	0	1.632	1.344	4.416				46.504	55.32628	6.843904	35.00267
预测值	6	2	60	2.1	0	1.632	1.344	4.416	0.322088	0.322088	0.322088	46.504	55.32628	6.843904	35.00267

第三组

	输入条件					模型输出			权重优化结果			机理计算结果			能力值
	参与人员数量	装备类型	障碍宽度/m	水深/m	昼夜	T_{qljs}/min	T_{qlcs}/min	T_{qltz}/min	W_{qljs}	W_{qlcs}	W_{qltz}	P_{qljs}	P_{qlcs}	P_{qltz}	P_{qlzy}
真实值	8	2	60	3.2	0	0.816	0.672	4.656				16.12475	21.72291	3.608278	13.35247
预测值	8	2	60	3.2	0	0.816	0.672	4.656	0.322088	0.322088	0.322088	16.12475	21.72291	3.608278	13.35247

第四组

	输入条件					模型输出			权重优化结果			机理计算结果			能力值
	参与人员数量	装备类型	障碍宽度/m	水深/m	昼夜	T_{qljs}/min	T_{qlcs}/min	T_{qltz}/min	W_{qljs}	W_{qlcs}	W_{qltz}	P_{qljs}	P_{qlcs}	P_{qltz}	P_{qlzy}
真实值	5	0	60	2.5	0	1.7	1.4	4.42				31.57924	46.91764	39.63912	38.05021
预测值	5	0	60	2.5	0	1.7	1.4	4.42	0.322088	0.322088	0.322088	31.57924	46.91764	39.63912	38.05021

第五组

	输入条件					模型输出			权重优化结果			机理计算结果			能力值
	参与人员数量	装备类型	障碍宽度/m	水深/m	昼夜	T_{qljs}/min	T_{qlcs}/min	T_{qltz}/min	W_{qljs}	W_{qlcs}	W_{qltz}	P_{qljs}	P_{qlcs}	P_{qltz}	P_{qlzy}
真实值	7	2	60	2.2	0	1.224	1.008	4.176				30.86379	43.19175	3.319012	24.92143
预测值	7	2	60	2.2	0	1.224	1.008	4.176	0.322088	0.322088	0.322088	30.86379	43.19175	3.319012	24.92143

图 2-11　军用桥梁装备效能计算物理解析模型实例化计算结果

第 2 章　军用桥梁装备效能计算模型

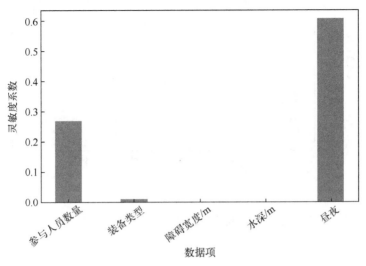

图 2-12　桥梁撤收用时敏感性分析结果

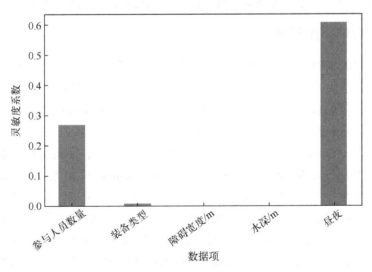

图 2-13　桥梁架设用时敏感性分析结果

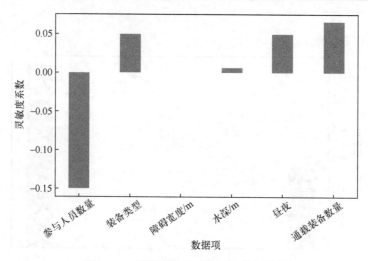

图 2-14 桥梁通载用时敏感性分析结果

2.2 军用桥梁装备效能计算最优智能学习模型

军用桥梁装备效能计算最优智能学习模型构建过程中，军用桥梁装备采集数据和预处理方法与军用桥梁装备效能计算最优物理解析模型构建过程一致。

2.2.1 智能模型训练

综合比较多项式回归模型、高斯过程回归模型、支持向量机模型、多层感知回归模型、决策树模型、随机森林模型、梯度提升回归树模型、核岭回归模型，综合比较选取确定最佳的预测分析模型。各模型参数配置如下：①PLM 模型：多项式自由度 degree=10，采用线性回归方法；②GPR 模型：常数核的参数设定为 constant=0.1，constantbounds=(10^{-3},10^{-1})，径向基核函数的尺度参数设定为 lenthscale=0.5，上下边界 lenthscalebounds=(10^{-4},10)；③SVM 模型：核函数为径向基函数（kernel="rbf"）；④MLPR 模型：学习率 lr=0.01，激活函数 activation="relu"，优化求解器 solver="adam"；⑤DTR 模型：最大树深度 max_depth=5；⑥RFR 模型：设置评判标准为均方误差，即 criterion=mse，决策树的数量设定为 n_estimators=100；⑦GBRT 模型：决策树的数量设定为 n_estimators=100，学习率设定为 learning_rate=0.1，最大树深度 max_depth=5；⑧KR 模型：影响系数为 α=1，核函数为径向基函数（kernel="rbf"），模型自由度为 degree=3。

第 2 章 军用桥梁装备效能计算模型

1. 桥梁撤收能力模型

图 2-15 所示为预测桥梁撤收能力的各指标得分雷达图,其中各项指标都是通过无量纲化得到的(表 2-11~表 2-13),指标越接近 1 说明模型在该项指标的表现越好,因此,雷达图覆盖面积越大说明模型的综合表现越好。各模型对该项能力的预测普遍较差,结合模型得分,选择 MLPR 模型作为预测桥梁撤收能力的最优模型。

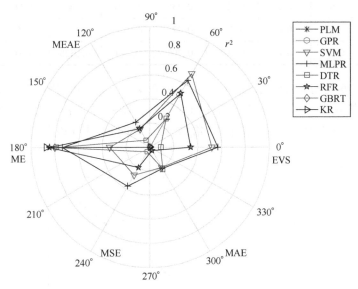

图 2-15 桥梁撤收能力模型得分图

表 2-11 桥梁撤收能力模型得分表

模型	PLM	GPR	SVM	MLPR	DTR	RFR	GBRT	KR
得分	0.0	0.50	2.19	2.76	1.47	2.10	0.80	0.87

表 2-12 桥梁撤收能力实际打分结果

指标	PLM	GPR	SVM	MLPR	DTR	RFR	GBRT	KR
r^2	-331	-5.63	-0.916	-0.528	-1.67	-1.06	-1.90	-0.846
EVS	-331	-0.582	-0.00118	0.0159	-0.670	-0.214	-1.18	0.00101
MAE	2.97	0.545	0.285	0.261	0.321	0.283	0.344	0.281
MSE	19.5	0.390	0.113	0.0899	0.157	0.121	0.170	0.109
ME	10.2	0.989	0.551	0.472	0.720	0.606	0.754	0.535
MEAE	1.17	0.591	0.250	0.247	0.245	0.301	0.312	0.255

表 2-13 桥梁撤收能力归一化打分结果

指标	PLM	GPR	SVM	MLPR	DTR	RFR	GBRT	KR
r^2	0.0	0.0	0.517	0.567	0.0915	0.339	0.0	0.0
EVS	0.0	0.501	0.702	0.636	0.272	0.514	0.0	0.00144
MAE	0.0	0.0	0.171	0.239	0.0658	0.176	0.0	0.0
MSE	0.0	0.0	0.339	0.735	0.786	0.846	0.799	0.872
ME	0.0	0.0	0.269	0.373	0.0445	0.196	0.0	0.0
MEAE	0.0	0.0	0.197	0.208	0.214	0.0326	0.0	0.0

图 2-16 是对桥梁撤收能力预测的对角线图，使用综合误差打分机制选取的最优机器学习模型为多层感知回归模型，图中黑线表示预测值和真值相等，可以看到预测值全部落在对角线上，说明模型对该项能力的预测很准确。

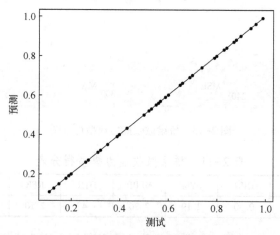

图 2-16 预测桥梁撤收能力的对角线图

2. 桥梁架设能力模型

图 2-17 所示为预测桥梁架设能力的各指标得分雷达图，其中各项指标都是通过无量纲化得到的（表 2-14～表 2-16），指标越接近 1 说明模型在该项指标的表现越好，因此，雷达图覆盖面积越大说明模型的综合表现越好。各模型对该项能力的预测普遍较差，结合雷达图覆盖面积和模型得分，选择 SVM 模型作为预测桥梁架设能力的最优模型。

第2章 军用桥梁装备效能计算模型

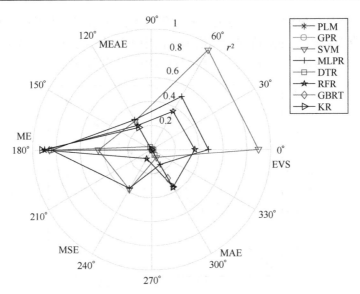

图 2-17 桥梁架设能力模型得分图

表 2-14 桥梁架设能力模型得分表

模型	PLM	GPR	SVM	MLPR	DTR	RFR	GBRT	KR
得分	0.0	0.0	3.03	2.63	0.95	2.31	1.13	1.50

表 2-15 桥梁架设能力实际打分结果

指标	PLM	GPR	SVM	MLPR	DTR	RFR	GBRT	KR
r^2	−184	−2.21	−0.103	−0.0910	−0.969	−0.311	−0.996	−0.0439
EVS	−184	−1.99	−0.0478	−0.000735	−0.967	−0.277	−0.983	−0.000774
MAE	1.72	0.423	0.227	0.223	0.304	0.240	0.313	0.224
MSE	12.0	0.208	0.0714	0.0707	0.128	0.0849	0.129	0.0676
ME	10.3	0.728	0.447	0.452	0.720	0.631	0.692	0.430
MEAE	0.591	0.392	0.243	0.225	0.250	0.168	0.263	0.233

表 2-16 桥梁架设能力归一化打分结果

指标	PLM	GPR	SVM	MLPR	DTR	RFR	GBRT	KR
r^2	0.0	0.0	0.897	0.478	0.0142	0.362	0.0	0.0
EVS	0.0	0.0	0.951	0.508	0.00787	0.365	0.0	0.0
MAE	0.0	0.0	0.275	0.286	0.0275	0.232	0.0	0.215
MSE	0.0	0.0	0.448	0.842	0.848	0.900	0.856	0.925
ME	0.0	0.0	0.380	0.372	0.0	0.0877	0.0	0.0
MEAE	0.0	0.0	0.0776	0.145	0.0505	0.362	0.273	0.357

图 2-18 是对桥梁架设能力预测的对角线图，使用综合误差打分机制选取的最优机器学习模型为支持向量机模型，图中黑线表示预测值和真值相等，可以看到预测值全部落在对角线上，模型对该项能力的预测很准确。

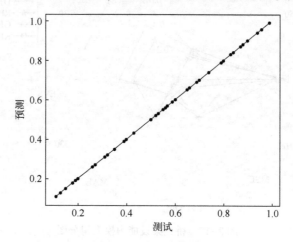

图 2-18　桥梁架设能力预测的对角线图

3. 桥梁通载能力模型

图 2-19 所示为预测桥梁通载能力的各指标得分雷达图，其中各项指标都是通过无量纲化得到的（表 2-17~表 2-19），指标越接近 1 说明模型在该项

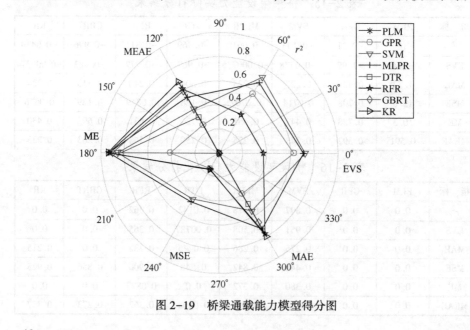

图 2-19　桥梁通载能力模型得分图

第2章 军用桥梁装备效能计算模型

指标的表现越好,因此,雷达图覆盖面积越大说明模型的综合表现越好。各模型对该项能力的预测普遍较差,SVM 模型和 MLPR 模型相较其他模型表现更优,结合模型具体得分,选择 MLPR 模型(4.04分)作为预测桥梁通载能力的最优模型。

表 2-17 桥梁通载能力模型得分表

模型	PLM	GPR	SVM	MLPR	DTR	RFR	GBRT	KR
得分	0.0	2.41	3.72	4.04	1.66	3.21	2.15	2.58

表 2-18 桥梁通载能力实际打分结果

指标	PLM	GPR	SVM	MLPR	DTR	RFR	GBRT	KR
r^2	-81.1	-0.679	-0.0513	-0.0232	-1.83	-0.162	-0.684	-0.00254
EVS	-68.2	-0.670	-0.00979	-0.0135	-1.55	-0.162	-0.680	-0.000042
MAE	1.87	0.255	0.202	0.197	0.349	0.205	0.251	0.196
MSE	4.68	0.0956	0.0599	0.0583	0.161	0.0662	0.0959	0.0571
ME	4.88	0.654	0.428	0.408	0.770	0.492	0.585	0.396
MEAE	1.72	0.225	0.174	0.152	0.370	0.166	0.257	0.155

表 2-19 桥梁通载能力归一化打分结果

指标	PLM	GPR	SVM	MLPR	DTR	RFR	GBRT	KR
r^2	0.0	0.629	0.723	0.708	0.0	0.371	0.0	0.0
EVS	0.0	0.568	0.727	0.675	0.0	0.368	0.0	0.0
MAE	0.0	0.269	0.420	0.531	0.343	0.614	0.591	0.681
MSE	0.0	0.407	0.853	0.932	0.827	0.929	0.897	0.939
ME	0.0	0.151	0.444	0.470	0.0	0.158	0.0	0.157
MEAE	0.0	0.391	0.554	0.726	0.490	0.771	0.666	0.799

图 2-20 是对桥梁通载能力预测的对角线图,使用综合误差打分机制选取的最优机器学习模型为多层感知回归模型,图中黑线表示预测值和真值相等,可以看到预测值全部落在对角线上,说明模型对该项能力的预测很准确。

4. 军用桥梁装备效能计算模型

图 2-21 所示为预测军用桥梁装备效能计算的各指标得分雷达图,其中各项指标都是通过无量纲化得到的(表 2-20~表 2-22),指标越接近 1 说明模型在该项指标的表现越好,因此,雷达图覆盖面积越大说明模型的综合表现越好。各模型对该项能力的预测普遍较好,其中 GBRT 和 RFR 模型在各项指标

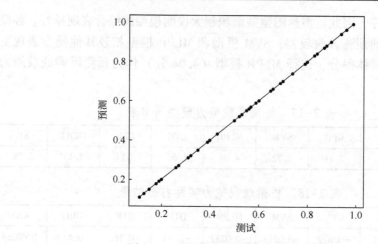

图 2-20 预测桥梁通载能力的对角线图

上都有全面的表现,结合模型具体得分,选择 GBRT 模型(5.88 分)作为预测军用桥梁装备效能计算的最优模型。

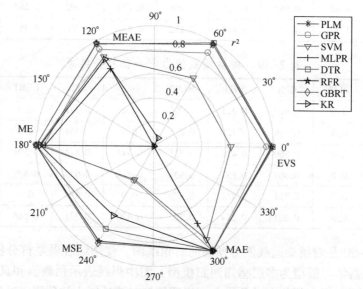

图 2-21 军用桥梁装备效能计算模型得分图

表 2-20 桥梁装备效能计算模型得分表

模 型	PLM	GPR	SVM	MLPR	DTR	RFR	GBRT	KR
得 分	0.99	5.03	4.34	2.40	5.76	5.86	5.88	3.53

第2章 军用桥梁装备效能计算模型

表 2-21 桥梁装备效能实际打分结果

指 标	PLM	GPR	SVM	MLPR	DTR	RFR	GBRT	KR
r^2	-2.50×10^{12}	0.799	-0.0887	-2.04	0.966	0.968	0.973	-0.609
EVS	-2.32×10^{12}	0.813	0.432	-0.599	0.969	0.973	0.975	0.0744
MAE	65908	0.0188	0.138	0.243	0.0229	0.0195	0.0207	0.169
MSE	6.08×10^{10}	0.00491	0.0265	0.0742	0.000839	0.000782	0.000669	0.0392
ME	922719	0.262	0.265	0.392	0.0666	0.0662	0.0605	0.309
MEAE	0.000979	0.00003	0.118	0.268	0.0121	0.00901	0.0121	0.169

表 2-22 桥梁装备效能归一化打分结果

指 标	PLM	GPR	SVM	MLPR	DTR	RFR	GBRT	KR
r^2	0.0	0.942	0.648	0.0	0.996	0.983	0.986	0.0
EVS	0.0	0.898	0.655	0.0	0.994	0.978	0.980	0.0748
MAE	0.0	0.923	0.851	0.736	0.975	0.980	0.979	0.828
MSE	0.0	0.934	0.972	0.924	0.999	0.999	0.999	0.961
ME	0.0	0.331	0.324	0.0	0.799	0.917	0.934	0.669
MEAE	0.996	1.0	0.890	0.739	0.997	1.0	1.0	1.0

图 2-22 是对桥梁装备效能预测的对角线图，使用综合误差打分机制选取的最优机器学习模型为梯度提升回归树模型，图中黑线表示预测值和真值相等，可以看到预测值全部落在对角线上，说明模型对该项能力的预测很准确。

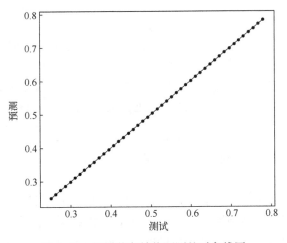

图 2-22 桥梁装备效能预测的对角线图

2.2.2 结果分析与灵敏度分析

1. 结果分析

为进一步验证军用桥梁装备效能计算智能学习模型的准确性与可靠性，本章通过 5 组实例化计算表格完整展示了模型的计算流程与计算结果，并将模型预测值与真实值进行了对比，结果如图 2-23 所示。对于给定参与人员数量、装备类型、障碍宽度（m）、水深（m）、昼夜等输入条件，加载训练好的最优机器学习模型，分别预测相应的桥梁架设能力 P_{qljs}、桥梁撤收能力 P_{qlcs}、桥梁通载能力 P_{qltz}、军用桥梁装备效能 P_{qlzy}。

	第一组								
	输入条件					模型预测结果			能力值
	参与人员数量	装备类型	障碍宽度/m	水深/m	昼夜	P_{qljs}	P_{qlcs}	P_{qltz}	P_{qlzy}
真实值	6	4	60	3	0	41.185	50.012	42.614	43.462
预测值	6	4	60	3	0	41.187	50.015	42.611	43.032
	第二组								
	输入条件					模型预测结果			能力值
	参与人员数量	装备类型	障碍宽度/m	水深/m	昼夜	P_{qljs}	P_{qlcs}	P_{qltz}	P_{qlzy}
真实值	6	2	60	2.1	0	46.504	55.3264	6.84391	35.003
预测值	6	2	60	2.1	0	46.504	55.3263	6.84392	35.003
	第三组								
	输入条件					模型预测结果			能力值
	参与人员数量	装备类型	障碍宽度/m	水深/m	昼夜	P_{qljs}	P_{qlcs}	P_{qltz}	P_{qlzy}
真实值	8	2	60	3.2	0	16.124	21.723	3.608	13.3525
预测值	8	2	60	3.2	0	16.125	21.724	3.608	13.3524
	第四组								
	输入条件					模型预测结果			能力值
	参与人员数量	装备类型	障碍宽度/m	水深/m	昼夜	P_{qljs}	P_{qlcs}	P_{qltz}	P_{qlzy}
真实值	5	0	60	2.5	0	31.57924	46.912	39.63912	38.049
预测值	5	0	60	2.5	0	31.57924	46.917	39.63912	38.051
	第五组								
	输入条件					模型预测结果			能力值
	参与人员数量	装备类型	障碍宽度/m	水深/m	昼夜	P_{qljs}	P_{qlcs}	P_{qltz}	P_{qlzy}
真实值	7	2	60	2.2	0	30.864	43.192	3.319	24.921
预测值	7	2	60	2.2	0	30.864	43.192	3.319	24.921

图 2-23 军用桥梁装备效能计算智能学习模型实例化计算结果

由 5 组计算实例中真实值与预测值对比可知，由 5 组计算实例中真实值与预测值对比可知，模型预测结果与真值的最大相对误差仅为 0.00373%，符合精度要求。模型预测结果与真实结果极为接近，误差较小，符合精度要求。进一步说明军用桥梁装备效能计算智能学习模型具有较高的准确性与可靠性。

2. 灵敏度分析

灵敏度分析使用了 Sobol 灵敏度分析方法，通过计算输出参数与各项输入的一阶灵敏度，反映输入变量对于输出结果的影响。样本采样数为 2^{10}，采用 L2 正则化方法，各个子模型的敏感性分析结果柱状图如图 2-24～图 2-27 所示。

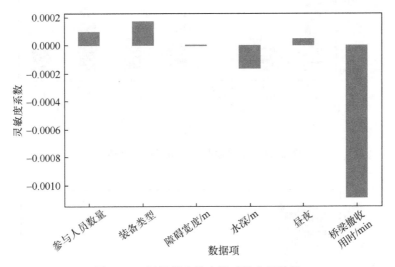

图 2-24 桥梁撤收能力敏感性分析结果

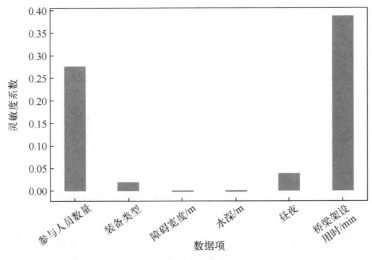

图 2-25 桥梁架设能力敏感性分析结果

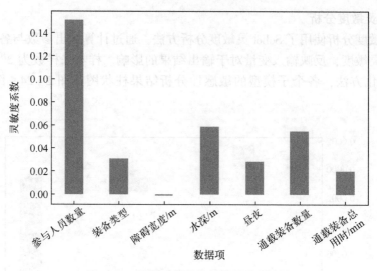

图 2-26 桥梁通载能力敏感性分析结果

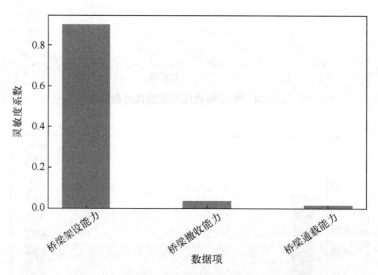

图 2-27 军用桥梁装备效能敏感性分析结果

由图 2-25 可知，桥梁撤收能力主要由桥梁撤收用时决定，其他因素对其影响不大。由图 2-26 可知，桥梁架设能力主要由参与人员数量和桥梁架设用时决定，其余变量对其影响不大。由图 2-27 可知，桥梁通载能力主要受参与人员数量的影响，水深和通载装备数量对其有一定程度的影响，其余变量对其影响不大。由图 2-28 可知，军用桥梁装备效能主要受桥梁架设能力的影响，

第 2 章 军用桥梁装备效能计算模型

桥梁撤收能力和桥梁通载能力对其影响很小。

2.3 模 型 校 验

将基于智能优化的军用桥梁装备作业能力分析计算物理解析模型结果与基于数据驱动的军用桥梁装备作业能力分析计算智能学习模型结果相互验证，以达到模型校验的目的。5 组实例化计算对比结果如图 2-28 所示，军用桥梁装

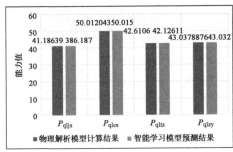
(a) 第一组对比结果

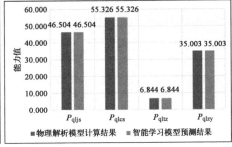
(b) 第二组对比结果

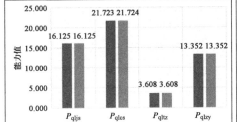
(c) 第三组对比结果

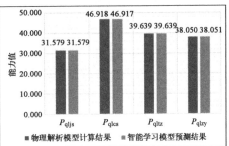
(d) 第四组对比结果

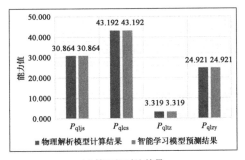
(e) 第五组对比结果

图 2-28 军用桥梁装备效能计算物理解析与智能学习模型计算结果对比

备作业能力输出指标包括桥梁架设能力 P_{qljs}、桥梁撤收能力 P_{qlcs}、桥梁通载能力 P_{qltz} 和军用桥梁装备效能 P_{qlzy}。

由图 2-28 可知，军用桥梁装备效能计算物理解析模型计算结果与智能学习模型预测结果极为接近，符合精度要求。模型验证结果说明物理解析模型与智能预测模型具有较高的准确性与可靠性，可以进行相互验证。

第3章 工程侦察装备效能计算模型

工程侦察装备是工程装备的重要组成部分,其主要用于获取工程信息,指挥控制作战行动。工程侦察分队根据职能任务不同,列装的工程侦察装备也略有不同,但是按照功能大体可分为工程观察器材、工程测量器材、单兵探雷器材及工程侦察车等几种类型。本章从基于数据驱动的智能学习模型构建方法和基于智能优化的物理解析模型构建方法入手,分析确定工程侦察装备效能计算的最优模型。

3.1 工程侦察装备效能计算最优物理解析模型

工程侦察装备采集数据情况如图3-1所示。其中,对角线上的图是每个变量的分布曲线图,可以看到各个变量在不同区间内的分布情况;非对角线上是变量两两之间的相关性回归分析图,可以初步分析变量之间的关联性,如侦察组完成侦察任务时间和昼夜。

基于智能优化的解析模型主要由三部分功能组成:针对侦察装备小样本数据训练智能模型用于预测物理机理计算公式中需要的输入参数;根据提供的侦察装备数据利用智能优化算法动态寻优得到输入与输出之间的修正系数;将智能模型和优化算法得到的输入参数与修正系数输入物理机理公式中计算最终的各项效能指标。其模型框架如图3-2所示。

3.1.1 数据预处理

经过对输入的数据进行分析,因为数据体量较小且数据本身包含的噪声很少,该场景下的数据无须降维和去噪处理,仅需开展数据清洗和归一化处理,数据清洗的结果如图3-3所示,归一化操作在模型训练部分完成。

以某次侦察作业为例,工程侦察数据集为战士手动记录的数据集,共包含侦察方式、侦察目标数、侦察兵力数量、昼夜和侦察组完成侦察任务时间5组变量,每组包含48条可用数据。为了测试本章所提的数据预处理方法的可行性,特意将数据分为空缺组和对照组,对照组数据不作任何处理,空缺组则将其中第8条、第19条、第29条、第38条和第48条数据剔除,模拟数据缺失的情形。之后将空缺组送入数据填补模块进行处理,填补结果如表3-1所列。

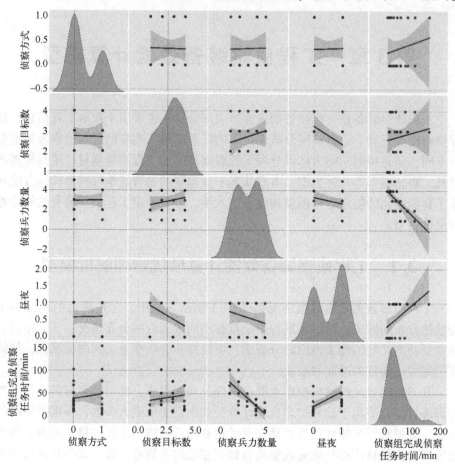

图 3-1　工程侦察装备采集数据情况

表 3-1　伪装作业数据统计量

参　　数	数　据　项				
	侦察方式	侦察目标数	侦察兵力数量	昼　夜	侦察组完成侦察任务时间/min
平均数	0	2	2	0	41
中位数	0.0	3.0	3.0	1.0	34.0
众数	0	3	4	1	51
最大值	1	4	5	1	153.0
最小值	0	1	1	0	4.25
标准差	0.48	1.05	1.25	0.49	33.52

第3章 工程侦察装备效能计算模型

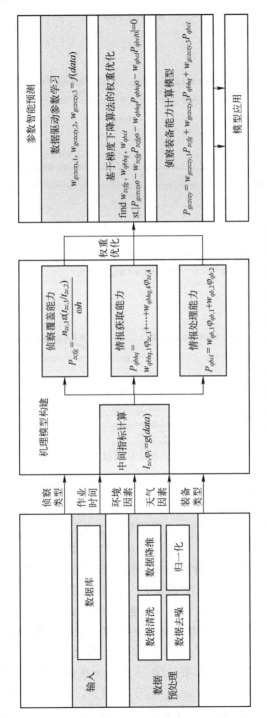

图 3-2 基于智能优化的工程侦察模型解析模型框架

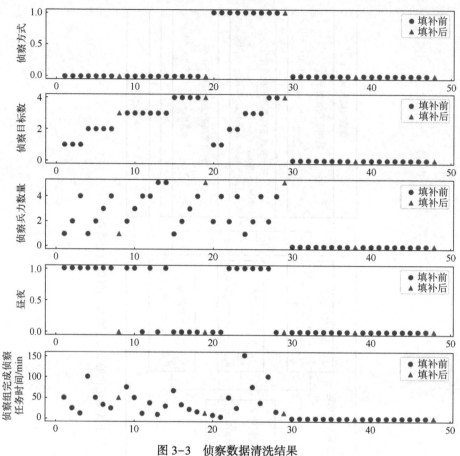

图 3-3　侦察数据清洗结果

3.1.2　智能优化

在获取的数据清洗结果基础上，采用数据量化打分机制，综合比较多项式回归模型、高斯过程回归模型、支持向量机模型、多层感知回归模型、决策树模型、随机森林模型、梯度提升回归树模型、核岭回归模型，综合比较选取确定最佳的预测模型。各模型参数配置如下：①PLM 模型：多项式自由度 degree=10，采用线性回归方法；②GPR 模型：常数核的参数设定为 constant=0.1，constantbounds=$(10^{-3},10^{-1})$，径向基核函数的尺度参数设定为 lenthscale=0.5，上下边界 lenthscalebounds=$(10^{-4},10)$；③SVM 模型：核函数为径向基函数（kernel="rbf"）；④MLPR 模型：学习率 lr=0.01，激活函数 activation="relu"，优化求解器 solver="adam"；⑤DTR 模型：最大树深度 max_depth=5；⑥RFR 模型：设置评判标准为均方误差，即 criterion=mse，决策树的数量设定

第3章 工程侦察装备效能计算模型

为 n_estimators = 100；⑦GBRT 模型：决策树的数量设定为 n_estimators = 100，学习率设定为 learning_rate = 0.1，最大树深度 max_depth = 5；⑧KR 模型：影响系数为 $\alpha = 1$，核函数为径向基函数（kernel = "rbf"），模型自由度为 degree = 3。

1. 侦察所需时间模型

图 3-4 所示为预测侦察所需时间的各指标得分雷达图，其中各项指标都是通过无量纲化得到的（表 3-2～表 3-4），指标越接近 1 说明模型在该项指标的表现越好，因此，雷达图覆盖面积越大说明模型的综合表现越好。由图可见，综合雷达图面积大小，选择 PLM 模型作为预测侦察所需时间的最优模型。

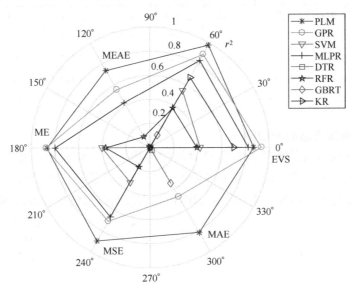

图 3-4 侦察所需时间模型得分图

表 3-2 侦察所需时间模型得分表

模 型	PLM	GPR	SVM	MLPR	DTR	RFR	GBRT	KR
得 分	5.16	4.43	1.70	3.55	0.028	1.43	0.46	1.37

表 3-3 侦察所需时间实际打分结果

指 标	PLM	GPR	SVM	MLPR	DTR	RFR	GBRT	KR
r^2	0.507	0.742	-0.224	0.584	-1.05	0.166	-0.328	0.656
EVS	0.742	0.778	0.127	0.667	-0.894	0.370	0.117	0.657
MAE	8.84	6.83	14.4	8.25	14.5	10.5	11.7	7.66

续表

指标	PLM	GPR	SVM	MLPR	DTR	RFR	GBRT	KR
MSE	152	79.4	377	128	631	257	409	106
ME	25.8	20.7	45.5	23.0	68.0	42.3	52.1	23.3
MEAE	4.51	5.91	10.5	6.08	5.10	5.24	3.19	4.85

表 3-4 侦察所需时间归一化打分结果

指标	PLM	GPR	SVM	MLPR	DTR	RFR	GBRT	KR
r^2	0.868	0.934	0.416	0.823	0.0	0.391	0.0	0.703
EVS	0.979	0.892	0.545	0.833	0.0	0.378	0.120	0.671
MAE	0.737	0.556	0.00486	0.429	0.0	0.103	0.0	0.0
MSE	0.868	0.875	0.403	0.797	0.0	0.372	0.0	0.0
ME	0.894	0.704	0.334	0.664	0.0	0.187	0.0	0.0
MEAE	0.818	0.472	0.0	0.0	0.0276	0.0	0.342	0.0

2. 绘制报告总时间模型

图 3-5 所示为预测绘制报告总时间的各指标得分雷达图,其中各项指标都是通过无量纲化得到的(表 3-5～表 3-7),指标越接近 1 说明模型在该项指标的表现越好,因此,雷达图覆盖面积越大说明模型的综合表现越好。由图

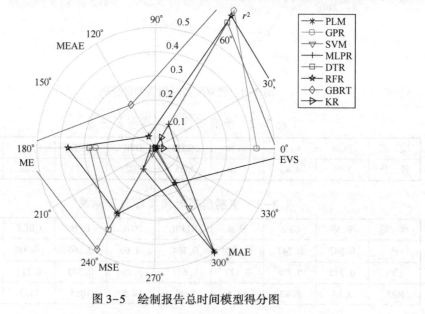

图 3-5 绘制报告总时间模型得分图

可见，GBRT 模型雷达图面积最大，因此，选择 GBRT 模型作为预测绘制报告总时间的最优模型。

表 3-5　绘制报告总时间模型得分表

模　型	PLM	GPR	SVM	MLPR	DTR	RFR	GBRT	KR
得　分	0.49	1.66	0.32	0.83	1.78	2.20	3.12	0.085

表 3-6　绘制报告总时间实际打分结果

指　标	PLM	GPR	SVM	MLPR	DTR	RFR	GBRT	KR
r^2	-10.9	0.252	0.00318	0.0520	0.300	0.388	0.592	0.0312
EVS	-9.37	0.413	0.00394	0.0760	0.398	0.420	0.626	0.0479
MAE	138	51.2	49.4	48.8	47.4	43.4	36.6	46.0
MSE	65164	4092	5456	5189	3833	3351	2235	5302
ME	725	136	194	179	121	136	102	199
MEAE	34.6	48.6	29.0	20.3	40.7	28.9	34.7	23.9

表 3-7　绘制报告总时间归一化打分结果

指　标	PLM	GPR	SVM	MLPR	DTR	RFR	GBRT	KR
r^2	0.0	0.427	0.00538	0.0879	0.507	0.655	0.903	0.0346
EVS	0.0	0.660	0.00597	0.115	0.603	0.635	0.948	0.0505
MAE	0.0	0.0	0.0	0.0	0.0	0.0555	0.205	0.0
MSE	0.0	0.250	0.0	0.0214	0.277	0.368	0.578	0.0
ME	0.0	0.318	0.0243	0.100	0.391	0.315	0.487	0.0
MEAE	0.495	0.0	0.287	0.501	0.0	0.168	0.0	0.0

3. 勘测作业时间模型

图 3-6 所示为预测勘测作业时间的各指标得分雷达图，其中各项指标都是通过无量纲化得到的（具体见表 3-8~表 3-10），指标越接近 1 说明模型在该项指标的表现越好，因此，雷达图覆盖面积越大说明模型的综合表现越好。由图可见，MLPR、DTR、RFR、GBRT 模型在各项指标上都有全面的表现，并结合雷达图面积大小，选择 DTR 模型作为预测勘测作业时间的最优模型。

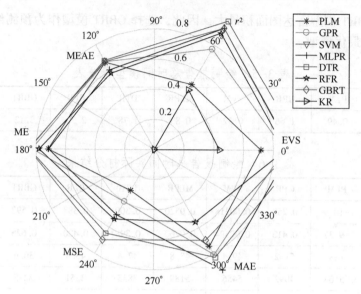

图 3-6　勘测作业时间模型得分图

表 3-8　勘测作业时间模型得分表

模型	PLM	GPR	SVM	MLPR	DTR	RFR	GBRT	KR
得分	3.65	4.35	0.0	4.59	4.99	4.22	4.76	0.89

表 3-9　勘测作业时间实际打分结果

指标	PLM	GPR	SVM	MLPR	DTR	RFR	GBRT	KR
r^2	0.507	0.742	-0.224	0.584	-1.05	0.166	-0.328	0.656
EVS	0.742	0.778	0.127	0.667	-0.894	0.370	0.117	0.657
MAE	8.84	6.83	14.4	8.25	14.5	10.5	11.7	7.66
MSE	152	79.4	377	128	631	257	409	106
ME	25.8	20.7	45.5	23.0	68.0	42.3	52.1	23.3
MEAE	4.51	5.91	10.5	6.08	5.10	5.24	3.19	4.85

表 3-10　勘测作业时间归一化打分结果

指标	PLM	GPR	SVM	MLPR	DTR	RFR	GBRT	KR
r^2	0.718	0.873	0.0	0.915	0.997	0.878	0.920	0.435
EVS	0.498	0.770	0.0	0.930	0.984	0.891	0.932	0.456
MAE	0.664	0.669	0.0	0.609	0.678	0.584	0.672	0.0

第3章 工程侦察装备效能计算模型

续表

指标	PLM	GPR	SVM	MLPR	DTR	RFR	GBRT	KR
MSE	0.718	0.829	0.0	0.715	0.848	0.780	0.853	0.0
ME	0.315	0.400	0.0	0.502	0.645	0.536	0.693	0.0
MEAE	0.740	0.806	0.0	0.922	0.826	0.556	0.693	0.0

3.1.3 物理计算

由工程侦察覆盖率计算公式可知，工程侦察覆盖率由完成单位面积侦察所需的时间 T_{zc}（min）、侦察组的数量、上级规定作业时间等参数决定；情报获取能力由勘测作业时间 T_{kc}（min）、发现目标个数、预设目标个数等参数决定；情报处理能力由拟制侦察报告总时间 T_{bg}（min）、侦察报告总数等参数决定。其中，侦察所需的时间 T_{zc}（min）、勘测作业时间 T_{kc}（min）、拟制侦察报告总时间 T_{bg}（min）在给定侦察方式、侦察目标数、侦察兵力数量、昼夜等输入条件时可由训练好的最优机器学习模型预测得出，其预测结果如图3-7所示；其余参数可通过作战指挥官人为决策指定。

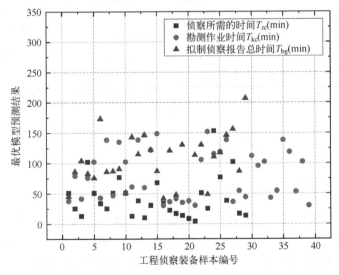

图3-7 侦察所需的时间、勘测作业时间、拟制侦察报告总时间预测结果

通过计算30组工程侦察覆盖率、情报获取能力、情报处理能力以验证物理机理计算模块的合理性与准确性。计算结果如图3-8所示，工程侦察覆盖率计算结果在0.00~0.09之间波动；情报获取能力计算结果在5.50~5.80之间波动；情报处理能力计算结果在0~30之间波动。在人为决策指定的参数确

定时，侦察所需的时间 T_{zc}（min）越长，工程侦察覆盖率越高；勘测作业时间 T_{kc}（min）越短，情报获取能力越高；拟制侦察报告总时间 T_{bg}（min）越短，情报处理能力越高。因此，物理机理计算模块可以正确输出结果，计算结果具有合理性，可供参考。

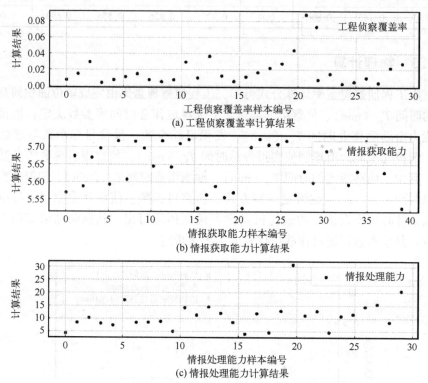

图 3-8　工程侦察覆盖率、情报获取能力、情报处理能力计算结果

3.1.4　参数寻优

对于真实的作战环境，需要考虑地形、气象、人员素质等影响因素对于工程侦察覆盖率、情报获取能力、情报处理能力的影响，而工程侦察装备作业能力由工程侦察覆盖率、情报获取能力、情报处理能力加权聚合得到。因此，计算工程侦察装备作业能力需要确定相应的权重系数以考虑地形、气象、人员素质等对于计算结果的影响。通过 BFGS 梯度下降优化算法对工程侦察覆盖率参数、情报获取能力参数、情报处理能力参数进行动态寻优，以确定合适的参数，进而确定最终的工程侦察装备效能计算物理解析模型，如图 3-9 所示。

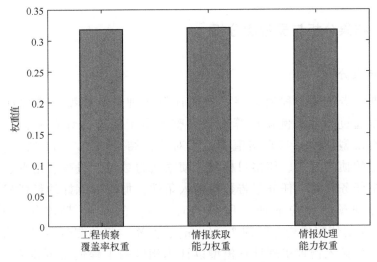

图 3-9　工程侦察效能参数优化结果

图 3-9 所示为工程侦察效能参数优化过程的损失迭代曲线,随着迭代步数的增加,损失函数逐渐减小,迭代至 120 步左右时,损失不再下降,此后开始稳定,在微小范围内波动,可以视为迭代达到收敛。由参数随迭代步数的变化曲线,可以看到,随迭代步数增加,各系数均逐渐减小,在第 120 步附近时,迭代达到收敛。由图 3-10 可知,情报获取能力参数为 0.321,侦察覆盖率的参数为 0.318,情报处理能力参数为 0.317。

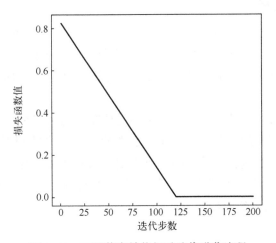

图 3-10　工程侦察效能权重迭代进化流程

3.1.5 结果分析与灵敏度分析

1. 结果分析

为进一步验证工程侦察装备效能计算物理解析模型的准确性与可靠性，本章通过 5 组实例化计算表格完整展示了模型的计算流程与计算结果，并将模型预测值与真实值进行了对比，结果如图 3-11 所示。首先，对于给定的侦察方式、侦察目标数、侦察兵力数量、昼夜、地形、勘测人数、侦察任务时间、任务报告数量输入条件，加载训练好的最优机器学习模型，分别预测相应的侦察所需的时间 T_{zc}（min）、勘测作业时间 T_{kc}（min）、拟制侦察报告总时间 T_{bg}（min）；其次，将预测时间以及人为决策指定的参数输入物理机理计算模型以计算相应的工程侦察覆盖率 P_{zcfg}、情报获取能力 P_{qbhq}、情报处理能力 P_{qbcl}；再次，利用 BFGS 梯度下降优化算法对工程侦察覆盖率参数 W_{zcfg}，情报获取能力参数 W_{qbhq}，情报处理能力参数 W_{qbcl} 进行动态寻优；最后，利用效率和参数进行加权聚合得到工程侦察装备效能 P_{zczy}。

由 5 组计算实例中真实值与预测值对比可知，模型预测时间、机理计算结果与真实结果极为接近，误差很小，符合精度要求。进一步说明工程侦察装备效能计算物理解析模型具有较高的准确性与可靠性。

2. 灵敏度分析

灵敏度分析使用了 Sobol 灵敏度分析方法，通过计算输出参数与各项输入的一阶灵敏度，反映输入变量对于输出结果的影响。样本采样数为 2^{10}，采用 L2 正则化方法，各个子模型的敏感性分析结果柱状图如图 3-12~图 3-14 所示。

由图 3-12 可知，侦察所需时间主要受侦察兵力数量的影响，侦察目标数和天时（昼夜）对侦察所需时间有一定影响，侦察方式对其几乎没有影响。由图 3-13 可知，绘制报告总时间主要受侦察组完成侦察任务时间的影响，其他变量对其影响很小。由图 3-14 可知，勘测作业时间主要受天时（昼夜）的影响，其他变量对其影响较小。

第3章 工程侦察装备效能计算模型

		输入条件						模型输出			权重优化结果			物理机理计算结果			能力值
	侦察方式	侦察目标数	侦察兵力数量	昼夜	勘测人数	侦察任务时间/min	任务报告数量	T_{xc}/min	T_{xg}/min	T_{bg}/min	W_{xcfg}	W_{qbhq}	W_{qbcl}	P_{xcfg}	P_{qbhq}	P_{qbcl}	P_{zcjx}
第一组																	
真实值	0	1	1	1	1	10.2	1	51	37.7	45.2	0.318247	0.321681	0.317455	0.007353	5.570219	4.379636	3.184511
预测值	0	1	1	1	1	10.2	1	51	37.7	45.2	0.318247	0.321681	0.317455	0.007353	5.570219	4.379636	3.184511
第二组																	
真实值	0	1	2	1	1	51	1	25.5	79.2	86	0.318247	0.321681	0.317455	0.014706	5.674057	8.455143	4.514042
预测值	0	1	2	1	1	51	1	25.5	79.2	86	0.318247	0.321681	0.317455	0.014706	5.674057	8.455143	4.514042
第三组																	
真实值	0	1	4	1	1	34	2	12.75	41.6	104	0.318247	0.321681	0.317455	0.029412	5.588093	10.25427	5.062209
预测值	0	1	4	1	1	34	2	12.75	41.6	104	0.318247	0.321681	0.317455	0.029412	5.588093	10.25427	5.062209
第四组																	
真实值	0	2	1	1	2	12.75	2	102	75.9	82.75	0.318247	0.321681	0.317455	0.003676	5.669771	8.130341	4.406043
预测值	0	2	1	1	2	12.75	2	102	75.9	82.75	0.318247	0.321681	0.317455	0.003676	5.669771	8.130341	4.406043
第五组																	
真实值	0	2	2	1	3	40.8	1	51	102.3	75.8	0.318247	0.321681	0.317455	0.007353	5.696565	7.435821	4.195354
预测值	0	2	2	1	3	40.8	1	51	102.3	75.8	0.318247	0.321681	0.317455	0.007353	5.696565	7.435821	4.195354

图 3-11 工程侦察装备效能计算物理解析模型实例化计算结果

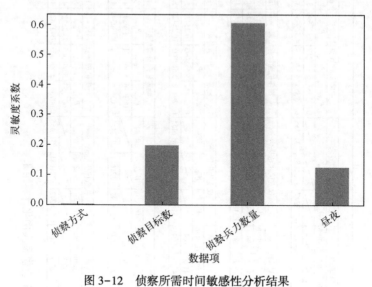

图 3-12 侦察所需时间敏感性分析结果

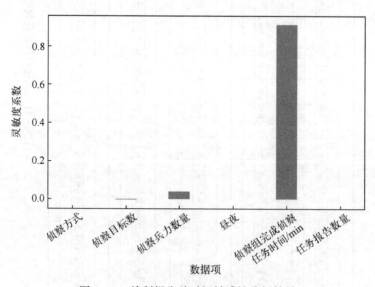

图 3-13 绘制报告总时间敏感性分析结果

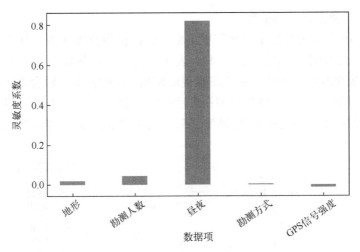

图 3-14 勘测作业时间敏感性分析结果

3.2 工程侦察装备效能计算最优智能学习模型

工程侦察装备效能计算最优智能学习模型构建过程中，工程侦察装备采集数据与预处理方法与工程侦察装备效能计算最优物理解析模型构建过程一致。

3.2.1 智能模型训练

综合比较多项式回归模型、高斯过程回归模型、支持向量机模型、多层感知回归模型、决策树模型、随机森林模型、梯度提升回归树模型、核岭回归模型，综合比较选取确定最佳的预测分析模型。各模型参数配置如下：①PLM模型：多项式自由度 degree=10，采用线性回归方法；②GPR 模型：常数核的参数设定为 constant=0.1，constantbounds=$(10^{-3},10^{-1})$，径向基核函数的尺度参数设定为 lenthscale=0.5，上下边界 lenthscalebounds=$(10^{-4},10)$；③SVM 模型：核函数为径向基函数（kernel="rbf"）；④MLPR 模型：学习率 lr=0.01，激活函数 activation="relu"，优化求解器 solver="adam"；⑤DTR 模型：最大树深度 max_depth=5；⑥RFR 模型：设置评判标准为均方误差，即 criterion=mse，决策树的数量设定为 n_estimators=100；⑦GBRT 模型：决策树的数量设定为 n_estimators=100，学习率设定为 learning_rate=0.1，最大树深度 max_depth=5；⑧KR 模型：影响系数为 $\alpha=1$，核函数为径向基函数（kernel="rbf"），模型自由度为 degree=3。

1. 工程侦察覆盖率模型

图 3-15 所示为预测工程侦察覆盖率的各指标得分雷达图，其中各项指标都是通过无量纲化得到的（表 3-11～表 3-13），指标越接近 1 说明模型在该项指标的表现越好，因此，雷达图覆盖面积越大说明模型的综合表现越好。由图可见，PLM、GPR、GBRT 模型在各项指标上都有全面的表现，结合模型实际得分，选择得分最高的 PLM 模型（5.99 分）作为预测工程侦察覆盖率的最优模型。

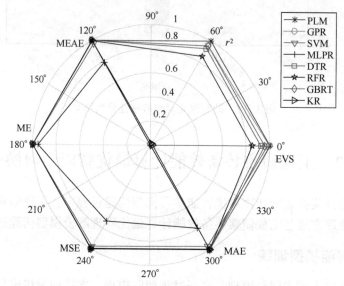

图 3-15 工程侦察覆盖率模型得分图

表 3-11 工程侦察覆盖率模型得分表

模 型	PLM	GPR	SVM	MLPR	DTR	RFR	GBRT	KR
得 分	5.99	5.95	4.89	3.27	5.84	5.69	5.91	4.03

表 3-12 工程侦察覆盖率实际打分结果

指 标	PLM	GPR	SVM	MLPR	DTR	RFR	GBRT	KR
r^2	0.955	0.955	-1.33	-2.08	0.925	0.841	0.955	0.0155
EVS	0.955	0.955	0.0	-2.07	0.925	0.841	0.955	0.0159
MAE	0.00158	0.00158	0.0303	0.0314	0.00340	0.00612	0.00159	0.0146
MSE	0.000021	0.000021	0.00106	0.00140	0.000034	0.000073	0.000021	0.000448
ME	0.0184	0.0184	0.0429	0.0802	0.0240	0.0280	0.0184	0.0677
MEAE	0.0	0.0	0.0343	0.0311	0.00184	0.00335	0.000014	0.0112

第 3 章 工程侦察装备效能计算模型

表 3-13 工程侦察覆盖率归一化打分结果

指标	PLM	GPR	SVM	MLPR	DTR	RFR	GBRT	KR
r^2	1.0	0.999	0.977	0.0	0.925	0.853	0.955	0.0155
EVS	1.0	0.955	0.0	0.0	0.925	0.853	0.955	0.0159
MAE	1.0	1.0	0.971	0.789	0.998	0.996	1.0	1.0
MSE	1.0	1.0	0.999	0.955	1.0	1.0	1.0	1.0
ME	1.0	1.0	0.975	0.734	0.994	0.993	1.0	1.0
MEAE	1.0	1.0	0.966	0.794	0.998	0.997	1.0	1.0

图 3-16 是对工程侦察覆盖率预测的对角线图，使用综合误差打分机制选取的最优机器学习模型为多项式模型，图中黑线表示预测值和真值相等，可以看到预测值大多落在对角线附近，说明模型对该项能力的预测较为准确。

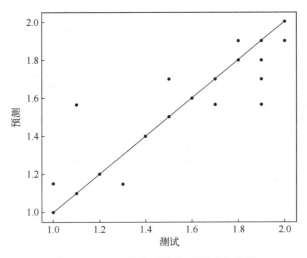

图 3-16 工程侦察覆盖率预测对角线图

2. 情报处理能力模型

图 3-17 所示为预测情报处理能力的各指标得分雷达图，其中各项指标都是通过无量纲化得到的（表 3-14～表 3-16），指标越接近 1 说明模型在该项指标的表现越好，因此，雷达图覆盖面积越大说明模型的综合表现越好。由图可见，PLM、GPR、GBRT 模型在各项指标上有全面的表现，结合模型实际得分，选择得分最高的 PLM 模型（5.99 分）作为预测情报获取能力的最优模型。

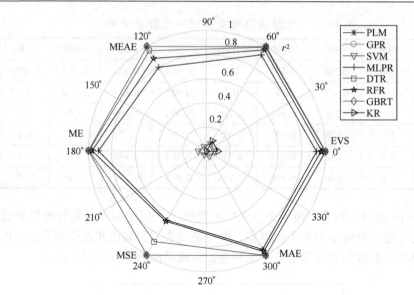

图 3-17 情报处理能力模型得分图

表 3-14 情报处理能力模型得分表

模 型	PLM	GPR	SVM	MLPR	DTR	RFR	GBRT	KR
得 分	5.99	5.98	0.33	5.17	5.81	5.43	5.98	0.19

表 3-15 情报处理能力实际打分结果

指 标	PLM	GPR	SVM	MLPR	DTR	RFR	GBRT	KR
r^2	1.0	1.0	0.215	0.776	0.995	0.975	1.0	0.157
EVS	1.0	1.0	0.217	0.776	0.995	0.975	1.0	0.159
MAE	0.0	0.0	4.71	2.12	0.201	0.503	0.000254	4.93
MSE	0.0	0.0	30.8	8.78	0.200	0.980	0.0	33.1
ME	0.0	0.0	14.8	9.67	1.99	5.09	0.000790	15.3
MEAE	0.0	0.0	5.48	0.980	0.0	0.185	0.000166	5.75

表 3-16 情报处理能力归一化打分结果

指 标	PLM	GPR	SVM	MLPR	DTR	RFR	GBRT	KR
r^2	1.0	1.0	0.0684	0.923	0.995	0.970	1.0	0.0951
EVS	1.0	1.0	0.0687	0.923	0.995	0.971	1.0	0.0974
MAE	1.0	1.0	0.0430	0.800	0.959	0.885	1.0	0.0

第3章 工程侦察装备效能计算模型

续表

指标	PLM	GPR	SVM	MLPR	DTR	RFR	GBRT	KR
MSE	1.0	1.0	0.0684	0.915	0.994	0.967	1.0	0.0
ME	1.0	1.0	0.0349	0.663	0.870	0.674	1.0	0.0
MEAE	1.0	1.0	0.0476	0.944	1.0	0.961	1.0	0.0

图 3-18 是对情报处理能力预测的对角线图，使用综合误差打分机制选取的最优机器学习模型为多项式模型，图中黑线表示预测值和真值相等，可以看到部分预测值偏离了对角线，说明模型对该项能力的预测较为一般。

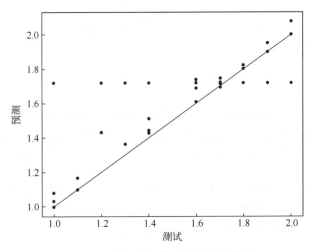

图 3-18 情报处理能力预测对角线图

3. 情报获取能力模型

图 3-19 所示为预测情报获取能力的各指标得分雷达图，其中各项指标都是通过无量纲化得到的（表 3-17~表 3-19），指标越接近 1 说明模型在该项指标的表现越好，因此，雷达图覆盖面积越大说明模型的综合表现越好。由图可见，PLM、GPR、GBRT 模型在各项指标上有全面的表现，结合模型实际得分，选择得分最高的 PLM 模型（5.99 分）作为预测情报获取能力的最优模型。

表 3-17 情报获取能力模型得分表

模型	PLM	GPR	SVM	MLPR	DTR	RFR	GBRT	KR
得分	5.99	5.95	4.99	4.41	5.92	5.89	5.92	4.02

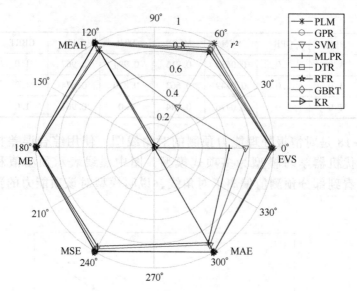

图 3-19 情报获取能力模型得分图

表 3-18 情报获取能力实际打分结果

指标	PLM	GPR	SVM	MLPR	DTR	RFR	GBRT	KR
r^2	0.936	0.936	-0.110	-1.51	0.935	0.915	0.936	-3.73
EVS	0.936	0.936	0.0	-0.604	0.935	0.915	0.936	0.0196
MAE	0.00517	0.00517	0.0603	0.0847	0.00623	0.00960	0.00517	0.123
MSE	0.000256	0.000256	0.00446	0.0101	0.000261	0.000342	0.000256	0.0190
ME	0.0755	0.0755	0.0985	0.165	0.0755	0.0743	0.0755	0.199
MEAE	0.0	0.0	0.0674	0.0966	0.000418	0.00375	0.000002	0.147

表 3-19 情报获取能力归一化打分结果

指标	PLM	GPR	SVM	MLPR	DTR	RFR	GBRT	KR
r^2	1.0	0.987	0.765	0.628	0.986	0.982	0.987	0.0
EVS	1.0	0.961	0.387	0.0	0.935	0.914	0.936	0.0196
MAE	1.0	1.0	0.945	0.927	0.999	0.995	1.0	1.0
MSE	1.0	1.0	0.996	0.993	1.0	1.0	1.0	1.0
ME	0.994	0.999	0.974	0.950	0.999	1.0	1.0	1.0
MEAE	1.0	1.0	0.933	0.912	1.0	0.998	1.0	1.0

第 3 章 工程侦察装备效能计算模型

图 3-20 是对情报获取能力预测的对角线图,使用综合误差打分机制选取的最优机器学习模型为多项式模型,图中黑线表示预测值和真值相等,可以看到部分预测值偏离了对角线,说明模型对该项能力的预测较为一般。

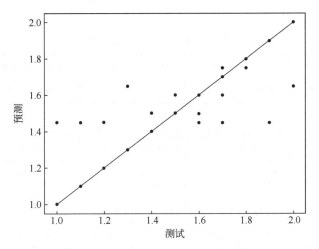

图 3-20 情报获取能力预测对角线图

4. 工程侦察装备效能计算模型

图 3-21 所示为预测工程侦察装备效能计算的各指标得分雷达图,其中各项指标都是通过无量纲化得到的(表 3-20~表 3-22),指标越接近 1 说明模

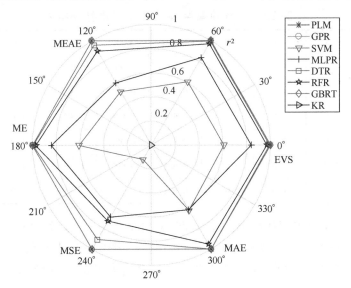

图 3-21 工程侦察装备效能计算模型得分图

型在该项指标的表现越好,因此,雷达图覆盖面积越大说明模型的综合表现越好。由图可见,PLM、GBRT 模型在各项指标上有全面的表现,结合模型实际得分,选择得分最高的 PLM 模型(5.99 分)作为预测工程侦察装备效能计算的最优模型。

表 3-20 工程侦察装备效能计算模型得分表

模型	PLM	GPR	SVM	MLPR	DTR	RFR	GBRT	KR
得分	5.99	5.98	3.10	4.42	5.84	5.49	5.98	0.0

表 3-21 工程侦察装备效能实际打分结果

指标	PLM	GPR	SVM	MLPR	DTR	RFR	GBRT	KR
r^2	1.0	1.0	0.924	0.911	0.995	0.987	1.0	0.568
EVS	1.0	1.0	0.927	0.911	0.995	0.987	1.0	0.573
MAE	0.0	0.0	0.344	0.438	0.0511	0.128	0.000079	1.13
MSE	0.0	0.0	0.301	0.350	0.0198	0.0530	0.0	1.70
ME	0.0	0.0	2.60	2.57	0.743	1.12	0.000207	4.26
MEAE	0.0	0.0	0.153	0.386	0.000119	0.0625	0.000083	1.21

表 3-22 工程侦察装备效能归一化打分结果

指标	PLM	GPR	SVM	MLPR	DTR	RFR	GBRT	KR
r^2	1.0	1.0	0.608	0.839	0.993	0.970	1.0	0.0
EVS	1.0	1.0	0.606	0.837	0.993	0.970	1.0	0.0
MAE	1.0	1.0	0.512	0.597	0.958	0.902	1.0	0.0
MSE	1.0	1.0	0.608	0.839	0.993	0.970	1.0	0.0
ME	1.0	1.0	0.139	0.688	0.907	0.728	1.0	0.0
MEAE	1.0	1.0	0.629	0.621	1.0	0.953	1.0	0.0

图 3-22 是对工程侦察装备效能预测的对角线图,使用综合误差打分机制选取的最优机器学习模型为高斯过程回归模型,图中黑线表示预测值和真值相等,可以看到预测值全部落在对角线上,说明模型对该项能力的预测非常准确。

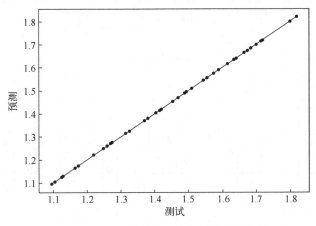

图 3-22　工程侦察装备效能预测对角线图

3.2.2　结果分析与灵敏度分析

1. 结果分析

为进一步验证工程侦察装备效能计算智能学习模型的准确性与可靠性，本章通过 5 组实例化计算表格完整展示了模型的计算流程与计算结果，并将模型预测值与真实值进行了对比，结果如图 3-23 所示。对于给定的侦察方式、侦察目标数、侦察兵力数量、昼夜、地形、勘测人数、侦察任务时间、任务报告数量输入条件，加载训练好的最优机器学习模型分别预测相应的工程侦察覆盖率 P_{zcfg}、情报获取能力 P_{qbhq}、情报处理能力 P_{qbcl}、工程侦察装备效能 P_{zczy}。

由 5 组计算实例中真实值与预测值对比可知，模型预测结果与真值的最大相对误差仅为 0.136%，符合精度要求。模型预测结果与真实结果极为接近，误差较小，进一步说明工程侦察装备效能分析计算智能学习模型具有较高的准确性与可靠性。

2. 灵敏度分析

灵敏度分析使用了 Sobol 灵敏度分析方法，通过计算输出参数与各项输入的一阶灵敏度，反映输入变量对于输出结果的影响。样本采样数为 2^{10}，采用 L2 正则化方法，各个子模型的敏感性分析结果柱状图如图 3-24～图 3-27 所示。

	输入条件							模型预测结果		能力值
	侦察方式	侦察目标数	侦察兵力数量	昼夜	地形	勘测人数	侦察任务时间/min	任务报告数量	P_{zcfg}	P_{qbhq} P_{qbcl}	P_{zcy}

第一组

	侦察方式	侦察目标数	侦察兵力数量	昼夜	地形	勘测人数	侦察任务时间/min	任务报告数量	P_{zcfg}	P_{qbhq}	P_{qbcl}	P_{zcy}
真实值	0	1	1	1	0	1	10.2	1	0.00735	5.5705	4.37962	3.1846
预测值	0	1	1	1	0	1	10.2	1	0.00736	5.5701	4.37964	3.1844

第二组

	侦察方式	侦察目标数	侦察兵力数量	昼夜	地形	勘测人数	侦察任务时间/min	任务报告数量	P_{zcfg}	P_{qbhq}	P_{qbcl}	P_{zcy}
真实值	0	1	2	1	0	1	51	1	0.01471	5.674057	8.45515	4.51406
预测值	0	1	2	1	0	1	51	1	0.01472	5.674057	8.45517	4.51404

第三组

	侦察方式	侦察目标数	侦察兵力数量	昼夜	地形	勘测人数	侦察任务时间/min	任务报告数量	P_{zcfg}	P_{qbhq}	P_{qbcl}	P_{zcy}
真实值	0	1	4	1	0	2	34	2	0.029412	5.58809	10.25429	5.06221
预测值	0	1	4	1	0	2	34	2	0.029412	5.58809	10.25431	5.06221

第四组

	侦察方式	侦察目标数	侦察兵力数量	昼夜	地形	勘测人数	侦察任务时间/min	任务报告数量	P_{zcfg}	P_{qbhq}	P_{qbcl}	P_{zcy}
真实值	0	2	1	1	0	2	12.75	2	0.003676	5.66978	8.130341	4.406043
预测值	0	2	1	1	0	2	12.75	2	0.003676	5.66981	8.130341	4.406043

第五组

	侦察方式	侦察目标数	侦察兵力数量	昼夜	地形	勘测人数	侦察任务时间/min	任务报告数量	P_{zcfg}	P_{qbhq}	P_{qbcl}	P_{zcy}
真实值	0	2	2	1	0	3	40.8	1	0.007353	5.69657	7.435821	4.195355
预测值	0	2	2	1	0	3	40.8	1	0.007353	5.69658	7.435821	4.195357

图 3-23 工程侦察装备效能计算智能学习模型实例化计算结果

第3章 工程侦察装备效能计算模型

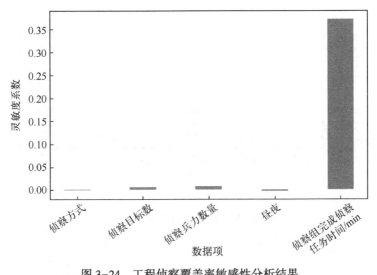

图3-24 工程侦察覆盖率敏感性分析结果

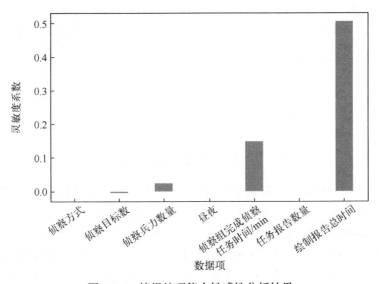

图3-25 情报处理能力敏感性分析结果

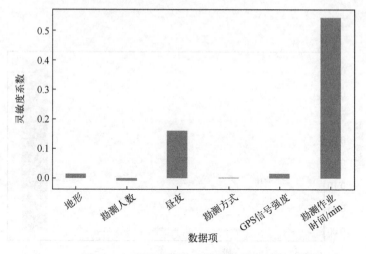

图 3-26 情报获取能力敏感性分析结果

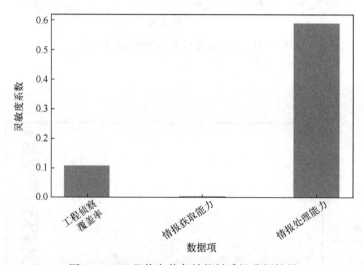

图 3-27 工程侦察装备效能敏感性分析结果

由图 3-24 可知，工程侦察覆盖率主要受侦察组完成侦察任务时间的影响，其他变量对其影响不大。由图 3-25 可知，情报处理能力主要受绘制报告总时间的影响，侦察组完成侦察任务时间对其有一定程度的影响，其他因素对其几乎没有影响。由图 3-26 可知，情报获取能力主要受勘测作业时间的影响，天时（昼夜）对其有一定影响，其他因素对其影响不大。由图 3-27 可知，工程侦察装备效能主要受情报处理能力的影响，工程侦察覆盖率对其有一定影响，情报获取能力对其几乎没有影响。

3.3 模 型 校 验

将基于智能优化的工程侦察装备效能计算物理解析模型结果与基于数据驱动的工程侦察装备效能计算智能学习模型结果相互验证,以达到模型校验的目的。5 组实例化计算对比结果如图 3-28 所示,工程侦察装备作业输出指标包

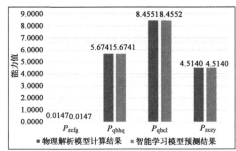

(a) 第一组对比结果

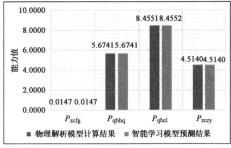

(b) 第二组对比结果

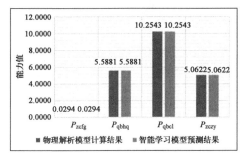

(c) 第三组对比结果

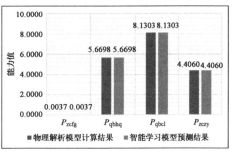

(d) 第四组对比结果

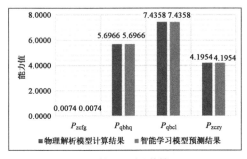

(e) 第五组对比结果

图 3-28 工程侦察装备效能计算物理解析与智能学习模型计算结果对比

括工程侦察覆盖率 P_{zcfg}、情报获取能力 P_{qbhq}、情报处理能力 P_{qbcl}、工程侦察装备效能 P_{zczy}。

由图 3-28 可知，工程侦察装备效能计算物理解析模型计算结果与智能学习模型预测结果极为接近，符合精度要求。模型验证结果说明物理解析模型与智能预测模型具有较高的准确性与可靠性，可以进行相互验证。

第 4 章 渡河装备效能计算模型

渡河装备是保障机动,适时克服江河障碍的重要方式和手段,舟桥装备作为遂行任务的骨干装备,其运用方式方法直接影响着渡河保障任务的完成。本章从基于数据驱动的智能学习模型构建方法和基于智能优化的物理解析模型构建方法入手,分析确定渡河装备效能计算的最优模型。

4.1 渡河装备效能计算最优物理解析模型

漕渡门桥通载采集数据情况如图 4-1 所示。其中,对角线上是每个变量

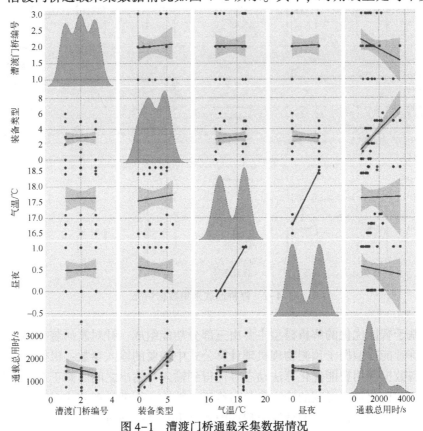

图 4-1 漕渡门桥通载采集数据情况

的分布曲线图，可以看到各个变量在不同区间内的分布情况；非对角线上是变量两两之间的相关性回归分析图，可以初步分析变量之间的关联性，例如昼夜与气温。

同理，浮桥通载采集数据如图4-2所示。

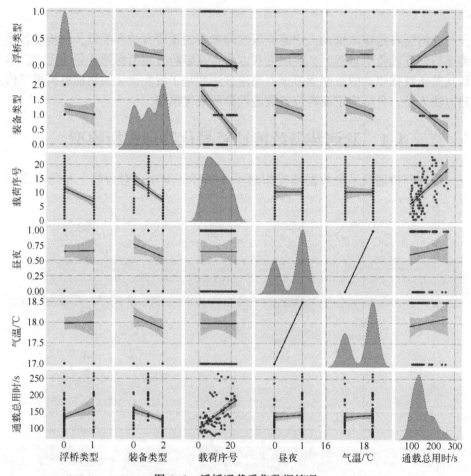

图4-2 浮桥通载采集数据情况

基于智能优化的解析模型主要由三部分功能组成：针对渡河装备小样本数据训练智能模型用于预测物理机理计算公式中需要的输入参数；根据提供的渡河装备数据利用智能优化算法动态寻优得到输入与输出之间的修正系数；将智能模型和优化算法得到的输入参数与修正系数输入物理机理公式中计算最终的装备各项效能指标。模型计算流程如图4-3和图4-4所示。

第 4 章 渡河装备效能计算模型

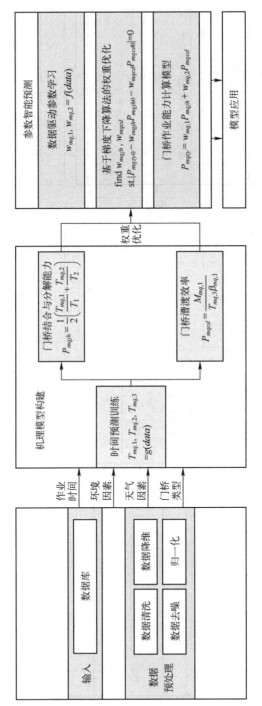

图 4-3 基于智能优化的渡河模型解析模型框架（门桥）

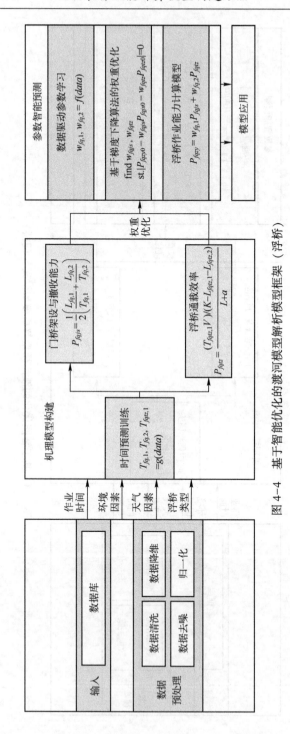

图 4-4 基于智能优化的渡河模型解析模型框架（浮桥）

第 4 章 渡河装备效能计算模型

4.1.1 数据预处理

经过对输入的数据进行分析,发现数据体量较小且本身包含的噪声很少,该场景下的数据无须降维和去噪处理,仅需开展数据清洗和归一化处理,数据清洗的结果如图 4-5 所示,归一化操作在模型训练部分完成。

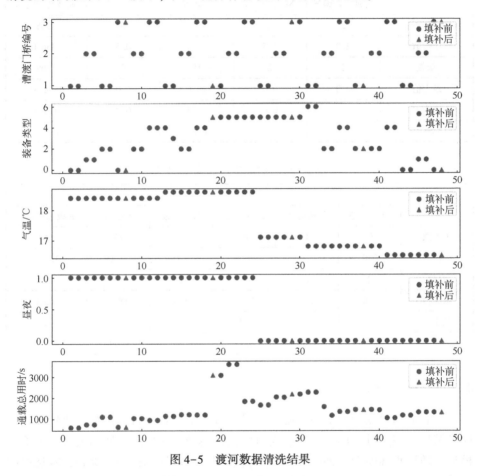

图 4-5 渡河数据清洗结果

以某次渡河装备作业为例,漕渡门桥通载数据集共包含漕渡门桥编号、装备类型、气温、昼夜和通载总用时 5 组变量,每组包含 48 条可用数据。为了测试本章所提的数据预处理方法的可行性,特意将数据分为空缺组和对照组,对照组数据不作任何处理,空缺组则将其中第 8 条、第 19 条、第 29 条、第 38 条和第 48 条数据剔除,模拟数据缺失的情形。之后将空缺组送入数据填补模块进行处理,填补结果如图 4-5 所示。统计量表中包括原始数据的平均数、中位数、众数、最大值、最小值以及标准差,以渡河装备门桥通载时间数据与渡河装备浮桥通载时间数据为例,其统计量如表4-1和表4-2所列。

表4-1 漕渡门桥通载数据统计量

参 数	数 据 项				
	漕渡门桥编号	装备类型	气温/℃	昼 夜	通载总用时/s
平均数	2	2	17	0	1505
中位数	2.0	2.5	17.5	0.5	1336.0
众数	2	2	18	0	1208
最大值	3.0	6.0	18.6	1.0	3598.54
最小值	1.0	0.0	16.5	0.0	613.6
标准差	0.8	1.9	0.88	0.5	699.07

表4-2 浮桥通载数据统计量

参 数	数 据 项					
	浮桥类型	装备类型	载荷序号	昼 夜	气温/℃	通载总用时/s
平均数	0	1	10	0	17	140
中位数	0.0	1.0	10.0	1.0	18.0	131.5
众数	0	2	3	1	18	119
最大值	1.0	2.0	23.0	1.0	18.5	265.0
最小值	0.0	0.0	1.0	0.0	17.0	79.0
标准差	0.41	0.84	6.17	0.47	0.71	45.31

4.1.2 智能优化

在获取的数据清洗结果基础上,采用数据量化打分机制,综合比较多项式回归模型、高斯过程回归模型、支持向量机模型、多层感知回归模型、决策树模型、随机森林模型、梯度提升回归树模型、核岭回归模型,综合比较选取确定最佳的预测模型。各模型参数配置如下:PLM模型:多项式自由度degree=10,采用线性回归方法;GPR模型:常数核的参数设定为constant=0.1,constantbounds=(10^{-3},10^{-1}),径向基核函数的尺度参数设定为lenthscale=0.5,上下边界 lenthscalebounds=(10^{-4},10);SVM模型:核函数为径向基函数(kernel="rbf");MLPR模型:学习率lr=0.01,激活函数activation="relu",优化求解器solver="adam";DTR模型:最大树深度max_depth=5;RFR模型:

第4章 渡河装备效能计算模型

设置评判标准为均方误差,即 criterion=mse,决策树的数量设定为 n_estimators=100;GBRT 模型:决策树的数量设定为 n_estimators=100,学习率设定为 learning_rate=0.1,最大树深度 max_depth=5;KR 模型:影响系数为 $\alpha=1$,核函数为径向基函数(kernel="rbf"),模型自由度为 degree=3。

1. 漕渡门桥通载模型

图 4-6 所示为漕渡门桥通载的各指标得分雷达图,其中各项指标都是通过无量纲化得到的(表 4-3~表 4-5),指标越接近 1 说明模型在该项指标的表现越好。因此,雷达图覆盖面积越大说明模型的综合表现越好。由图可见,GBRT 和 DTR 模型所构成雷达图的面积最大。结合模型打分表,DTR 模型得分最高,为 5.74 分。因此,选择 DTR 模型作为预测漕渡门桥通载时间的最优模型。

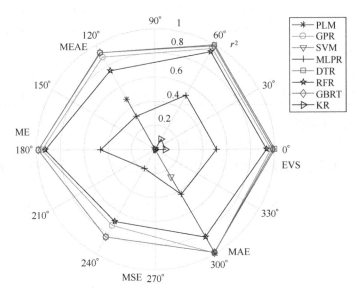

图 4-6 漕渡门桥通载模型得分比较图

表 4-3 漕渡门桥通载模型得分表

模型	PLM	GPR	SVM	MLPR	DTR	RFR	GBRT	KR
得分	1.48	5.49	0.27	2.42	5.74	5.08	5.72	0.18

表 4-4 漕渡门桥通载实际打分结果

指标	PLM	GPR	SVM	MLPR	DTR	RFR	GBRT	KR
r^2	-1.07	0.953	-0.0580	0.509	0.986	0.932	0.986	0.0845

续表

指标	PLM	GPR	SVM	MLPR	DTR	RFR	GBRT	KR
MAE	−0.958	0.953	0.000919	0.509	0.989	0.933	0.988	0.0984
MSE	345	72.6	625	402	42.9	144	41.8	590
EVS	1478152	33431	755392	350719	9788	48747	9845	653682
ME	4695	614	2261	1717	342	653	342	2099
MEAE	4.36	4.36	377	291	4.36	81.8	4.32	512

表 4-5　漕渡门桥通载归一化打分结果

指标	PLM	GPR	SVM	MLPR	DTR	RFR	GBRT	KR
r^2	0.0	0.968	0.0	0.516	1.0	0.932	0.986	0.084
EVS	0.0	0.964	0.001	0.515	1.0	0.933	0.988	0.098
MAE	0.480	0.884	0.0	0.318	0.927	0.755	0.929	0.0
MSE	0.0	0.956	0.0	0.463	0.985	0.925	0.985	0.0
ME	0.0	0.729	0.0	0.182	0.837	0.689	0.837	0.0
MEAE	1.00	0.993	0.264	0.431	0.992	0.841	0.992	0.0

2. 门桥拆卸模型

图 4-7 所示为门桥拆卸的各指标得分雷达图（表 4-6~表 4-8），雷达图原理同上。由图可见，PLM 模型在 MAE、MSE、MEAE、r^2 等指标上都有最优

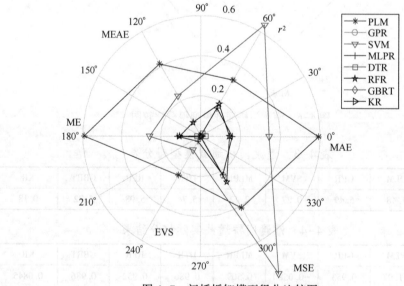

图 4-7　门桥拆卸模型得分比较图

表现。结合雷达图覆盖面积综合考量，PLM 模型覆盖面积最大。模型打分表中 PLM 模型得分最高，为 2.56 分。因此，PLM 模型是预测门桥拆卸时间的最优模型。

表 4-6 门桥拆卸模型得分表

模型	PLM	GPR	SVM	MLPR	DTR	RFR	GBRT	KR
得分	2.56	0.23	2.34	0.69	0.061	0.78	0.0	0.0

表 4-7 门桥拆卸实际打分结果

指标	PLM	GPR	SVM	MLPR	DTR	RFR	GBRT	KR
r^2	-0.677	-1.38	-0.215	-0.442	-0.606	-0.461	-0.636	-0.182
MAE	-0.634	-0.936	-0.000001	-0.381	-0.555	-0.349	-0.576	-0.000045
MSE	364	436	268	348	348	321	348	263
EVS	261822	374454	189713	225153	250848	228115	255551	184588
ME	1106	1168	905	953	983	980	983	890
MEAE	193	220	60.5	222	285	183	249	66.1

表 4-8 门桥拆卸归一化打分结果

指标	PLM	GPR	SVM	MLPR	DTR	RFR	GBRT	KR
r^2	0.593	0.0	0.343	0.158	0.0245	0.143	0.0	0.0
EVS	0.323	0.0	0.641	0.161	0.0168	0.186	0.0	0.0
MAE	0.416	0.0	0.231	0.00133	0.00155	0.0792	0.0	0.0
MSE	0.593	0.0	0.258	0.119	0.0184	0.107	0.0	0.0
ME	0.224	0.0	0.0799	0.03	0.0	0.00354	0.0	0.0
MEAE	0.410	0.227	0.788	0.222	0.0	0.263	0.0	0.0

3. 门桥架设模型

图 4-8 所示为门桥架设的各指标得分雷达图（表 4-9~表 4-11），雷达图原理同上。由图可见，DTR 模型在 MAE、MSE、MEAE、ME 等指标上表现较好。结合各模型实际打分情况，DTR 模型得分最高，为 3.72。因此，选择 DTR 模型作为预测门桥架设时间的最优模型。

表 4-9 门桥架设模型得分表

模型	PLM	GPR	SVM	MLPR	DTR	RFR	GBRT	KR
得分	1.18	0.48	1.02	2.68	3.72	2.55	1.12	3.71

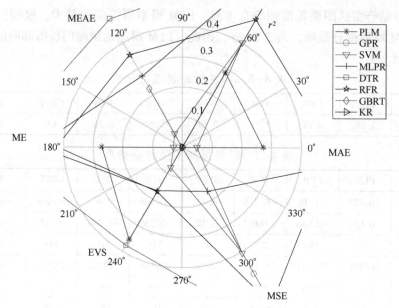

图 4-8 门桥架设模型得分比较图

表 4-10 门桥架设实际打分结果

指标	PLM	GPR	SVM	MLPR	DTR	RFR	GBRT	KR
r^2	-1.52	-2.27	-0.314	0.311	0.492	0.221	-0.355	-0.204
MAE	-1.41	-2.18	0.0	0.330	0.498	0.222	-0.334	0.00003
MSE	662	642	480	369	258	328	393	506
EVS	824941	1069890	430294	225584	166359	255029	443738	334080
ME	1975	2593	1261	1140	852	1135	1368	1022
MEAE	421	185	213	298	92.3	142	37.1	358

表 4-11 门桥架设归一化打分结果

指标	PLM	GPR	SVM	MLPR	DTR	RFR	GBRT	KR
r^2	0.271	0.0	0.0485	0.786	0.742	0.505	0.0	0.0
EVS	0.287	0.0	0.402	0.798	0.734	0.491	0.0	3.76
MAE	0.0	0.0	0.0524	0.272	0.491	0.353	0.224	0.0
MSE	0.271	0.0	0.0303	0.492	0.625	0.425	0.0	0.0
ME	0.355	0.0	0.0781	0.167	0.377	0.170	0.0	0.0
MEAE	0.0	0.484	0.405	0.168	0.742	0.604	0.896	0.0

第4章 渡河装备效能计算模型

4. 浮桥通载模型

图4-9所示为浮桥通载的各指标得分雷达图（表4-12~表4-14），雷达图原理同上。由图可见，MLPR模型在r^2、EVS、MSE、ME等指标上有最优表现。结合各模型实际打分情况，MLPR模型得分最高，为4.34。因此，选择MLPR模型作为预测浮桥通载时间的最优模型。

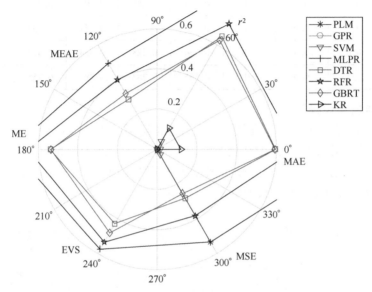

图4-9 浮桥通载模型得分比较图

表4-12 浮桥通载模型得分表

模型	PLM	GPR	SVM	MLPR	DTR	RFR	GBRT	KR
得分	0.535	0.0	0.09	4.34	2.78	3.39	2.81	0.240

表4-13 浮桥通载实际打分结果

指标	PLM	GPR	SVM	MLPR	DTR	RFR	GBRT	KR
r^2	-8.04×10^6	-5.40	0.0124	0.766	0.595	0.696	0.592	0.12
MAE	-7.03×10^6	-2.77	0.0352	0.803	0.649	0.721	0.626	0.12
MSE	50991	108	40.6	20.1	28.4	23.9	27.1	39.9
EVS	2.066×10^{10}	16435	2538	602	1042	782	1049	2261
ME	604869	257	124	46.4	62.3	50.8	56.8	109
MEAE	54.0	97.0	34.9	16.7	25.8	22.1	26.8	35.9

表 4-14　浮桥通载归一化打分结果

指标	PLM	GPR	SVM	MLPR	DTR	RFR	GBRT	KR
r^2	0.0	0.0	0.0162	1.0	0.595	0.696	0.592	0.12
EVS	0.0	0.0	0.0439	1.0	0.649	0.721	0.626	0.12
MAE	0.0	0.0	0.0	0.494	0.288	0.400	0.319	0.0
MSE	0.0	0.0	0.0	0.734	0.539	0.654	0.536	0.0
ME	0.0	0.0	0.0	0.574	0.428	0.534	0.479	0.0
MEAE	0.535	0.0	0.03	0.535	0.283	0.384	0.255	0.0

5. 浮桥架设模型

图 4-10 所示为浮桥架设的各指标得分雷达图（表 4-15~表 4-17），雷达图原理同上。由图可见，DTR 模型在 r^2、EVS、MSE、ME 等指标上有最优表现。结合各模型实际打分情况，DTR 模型得分最高，为 5.26。因此，选择 DTR 模型作为预测浮桥架设时间的最优模型。

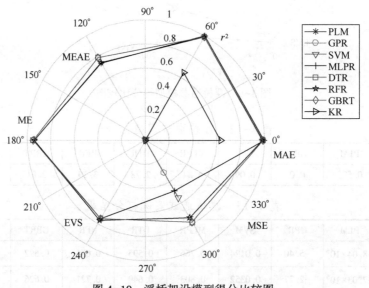

图 4-10　浮桥架设模型得分比较图

表 4-15　浮桥架设模型得分表

模型	PLM	GPR	SVM	MLPR	DTR	RFR	GBRT	KR
得分	0.0	0.312	0.559	4.92	5.26	5.17	5.25	1.28

第 4 章 渡河装备效能计算模型

表 4-16 浮桥架设实际打分结果

指标	PLM	GPR	SVM	MLPR	DTR	RFR	GBRT	KR
r^2	-1.04×10^{12}	-0.457	-0.381	0.978	0.982	0.978	0.982	0.631
MAE	-7.69×10^{11}	-0.133	0.00835	0.99	0.991	0.991	0.991	0.646
MSE	2.36×10^8	313	295	52.9	42.3	52.3	42.3	203
EVS	2.12×10^{17}	298397	282895	4441	3692	4513	3691	75578
ME	9.22×10^8	1110	1072	130	132	122	132	529
MEAE	2.55×10^6	83.6	54.5	62.3	26.0	31.4	26.0	121

表 4-17 浮桥架设归一化打分结果

指标	PLM	GPR	SVM	MLPR	DTR	RFR	GBRT	KR
r^2	0.0	0.0	0.0	0.996	0.986	0.982	0.986	0.633
EVS	0.0	0.0	0.00842	0.999	0.992	0.992	0.992	0.647
MAE	0.0	0.0	0.0	0.740	0.792	0.743	0.792	0.0
MSE	0.0	0.0	0.0	0.941	0.951	0.940	0.951	0.0
ME	0.0	0.0	0.0	0.754	0.751	0.769	0.751	0.0
MEAE	0.0	0.312	0.551	0.487	0.786	0.741	0.785	0.0

4.1.3 物理计算

在完成漕渡门桥通载、结合与分解时间的计算后，根据相关物理公式确定门桥结合与分解效率。其中，门桥结合时间、门桥分解时间在给定门桥类型、江河宽度、气温、昼夜等输入条件时可由训练好的最优机器学习模型预测得出；上级规定时间通过作战指挥官人为决策指定。门桥通载效率由门桥漕渡时间、满载漕渡荷载数和上级规定 1 航次时间内 1 组门桥满载漕渡荷载数决定。门桥漕渡时间在给定装备类型、江河宽度等输入条件时可由训练好的最优机器学习模型预测得出；满载漕渡载荷数、上级规定满载漕渡载荷数通过作战指挥官人为决策指定。

通过计算 48 组门桥结合与分解效率、门桥通载效率以验证物理机理计算模块的合理性与准确性。最优机器学习模型预测的门桥结合时间、门桥分解时间与门桥通载时间如图 4-11 所示，效率计算结果如图 4-12（a）所示，门桥结合与分解效率计算结果中除 4 组大于 3.6 外，其余均在 1.0 左右；门通载效率计算结果均在 0.00025~0.00175 之间波动。在人为决策指定的参数确定时，门桥结合时间、门桥分解时间越短，门桥结合与分解效率越高；门桥通载时间越短，门桥通载效率越高。浮桥作业效率计算流程与门桥类似，最优机器学习模型预测的浮桥结合时间、浮桥分解时间与浮桥通载时间如图4-13所示，效率计算结果如图4-12（b）所示。因此，物理机理计算模块可以正确输出结果，计算结果具有合理性，可供后续能力值的计算校验。

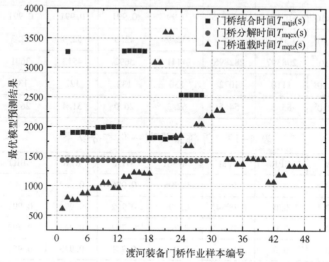

图4-11 门桥结合时间、门桥分解时间与门桥通载时间预测结果

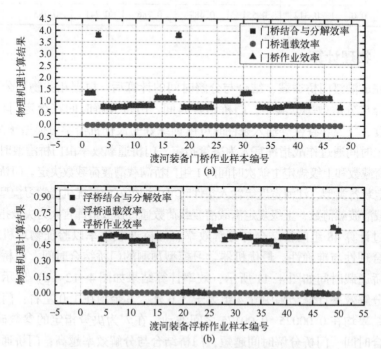

图4-12 渡河装备门桥与浮桥作业效率计算结果

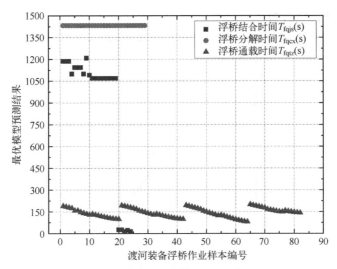

图 4-13　浮桥结合时间、浮桥分解时间与浮桥通载时间预测结果

4.1.4　参数寻优

对于真实的作战环境，需要考虑地形、气象、人员素质等影响因素对于门桥结合与分解效率、门桥通载效率的影响，而门桥作业能力由门桥结合与分解效率和门桥通载效率加权聚合得到。因此，计算门桥作业能力需要确定相应的权重系数以考虑地形、气象、人员素质等对于计算结果的影响。通过 BFGS 梯度下降优化算法对结合与分解效率参数、门桥通载效率参数进行动态寻优，以确定合适的参数，进而确定最终的门桥效能计算物理解析模型。为了确定最终物理机理模型，基于智能优化算法优化物理机理模型中加权聚合参数。利用智能算法构建影响因素随输入、条件参数动态变化的寻优模型。

图 4-14 所示为门桥参数优化过程的损失迭代曲线，随着迭代步数的增加，损失函数逐渐减小，迭代至 430 步左右时，损失接近于 0，并且曲线呈现水平，说明迭代达到收敛，漕渡时间参数一直保持在初值 0.5 附近，几乎没有变化，门桥结合分解时间参数随迭代步增加一直增加，在第 430 步附近时，迭代达到收敛。

图 4-15 所示为浮桥参数优化过程的损失迭代曲线，随着迭代步数的增加，损失函数逐渐减小，迭代至 1100 步左右时，损失接近于 0，并且曲线呈现水平，说明迭代达到收敛，浮桥通载时间参数一直保持在初值 0.5 附近，几乎没有变化，浮桥架设拆卸时间参数随迭代步数增加一直增加，在第 1100 步

附近时，迭代达到收敛。

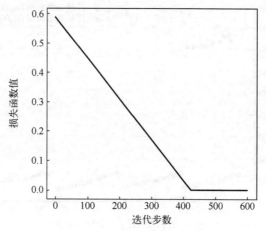

图 4-14 门桥装备权重优化过程

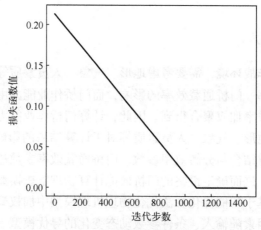

图 4-15 浮桥装备权重优化过程

对于 48 组门桥结合与分解效率、门桥通载效率样本，其参数优化结果如图 4-16 所示，门桥结合与分解效率权重为 0.9982，门桥通载效率权重为 0.5006。因此，门桥结合与分解效率受地形、气象、人员素质等因素的影响较小，门桥通载效率受地形、气象、人员素质等因素的影响较大，参数优化结果用于后续的作业能力计算。

对于 48 组浮桥架设与撤收效率、浮桥漕渡效率样本，其参数优化结果如图 4-16 所示，浮桥架设与撤收效率权重为 0.8045，浮桥通载效率权重为 0.5151。因此，浮桥架设与撤收效率受地形、气象、人员素质等因素的影响较小，浮桥通载效率受地形、气象、人员素质等因素的影响较大，参数优化结果用于后续的效能计算。

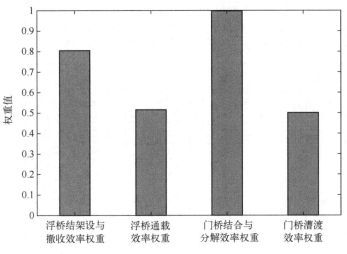

图 4-16 渡河装备模型参数优化结果

4.1.5 结果分析与灵敏度分析

1. 结果分析

为进一步验证渡河装备效能计算物理解析模型的准确性与可靠性，本章通过 5 组实例化计算表格完整展示了模型的计算流程与计算结果，并将模型预测值与真实值进行了对比，结果如图 4-17 和图 4-18 所示。首先，对于给定的门桥类型、经度、纬度、江河宽度、下水点数量、漕渡门桥编号、装备类型、气温、昼夜输入条件，加载训练好的最优机器学习模型分别预测相应的门桥结合时间 T_{mqjs}（s）、门桥分解时间 T_{mqcx}（s）、门桥通载时间 T_{mqtz}（s）；其次，将预测时间以及人为决策指定的参数输入物理机理计算模型以计算相应的门桥结合与分解效率 P_{mqjf}、门桥通载效率 P_{mqtz}；再次，利用 BFGS 梯度下降优化算法对门桥结合与分解效率参数 W_{mqjf}、门桥通载效率参数 W_{mqtz} 进行动态寻优；最后，利用效率和参数进行加权聚合得到门桥效能参数 W_{mqzy}。浮桥效能计算流程与门桥效能相似，在此不再赘述。

由 5 组计算实例中真实值与预测值对比可知，模型预测时间的最大相对误差仅为 0.1018%，效率计算结果的最大相对误差为 4.912%，符合精度要求。模型预测结果与真实结果极为接近，误差较小，进一步说明渡河装备效能计算物理解析模型具有较高的准确性与可靠性。

	输入条件									模型输出			权重优化结果		机理计算结果		能力值
第一组																	
	门桥类型	经度/(°)	纬度/(°)	江河宽度/m	下水点数量	漕渡门桥编号	装备类型	气温/℃	昼夜	T_{mqjs}/s	T_{mqcx}/s	T_{mqtz}/s	W_{mqjf}	W_{mqtz}	P_{mqjf}	P_{mqtz}	P_{mqzy}
真实值	0.0000	118.5761	31.8946	50.0000	2.0000	2.0000	0.0000	18.4000	1.0000	3261.0000	2347.0000	613.6050			1.3486	0.0016	1.3470
预测值	0.0000	118.5761	31.8946	50.0000	2.0000	2.0000	0.0000	18.4000	1.0000	3260.6387	2346.9699	613.6050	0.9982	0.5006	1.3485	0.0016	1.3469
第二组																	
	门桥类型	经度/(°)	纬度/(°)	江河宽度/m	下水点数量	漕渡门桥编号	装备类型	气温/℃	昼夜	T_{mqjs}/s	T_{mqcx}/s	T_{mqtz}/s	W_{mqjf}	W_{mqtz}	P_{mqjf}	P_{mqtz}	P_{mqzy}
真实值	0.0000	118.5763	31.8945	50.0000	2.0000	1.0000	2.0000	18.4000	1.0000	1891.0000	1184.0000	1118.6760			0.7461	0.0009	0.7460
预测值	0.0000	118.5763	31.8945	50.0000	2.0000	1.0000	2.0000	18.4000	1.0000	1907.1215	1184.0103	1117.7850	0.9982	0.5006	0.7459	0.0009	0.7450
第三组																	
	门桥类型	经度/(°)	纬度/(°)	江河宽度/m	下水点数量	漕渡门桥编号	装备类型	气温/℃	昼夜	T_{mqjs}/s	T_{mqcx}/s	T_{mqtz}/s	W_{mqjf}	W_{mqtz}	P_{mqjf}	P_{mqtz}	P_{mqzy}
真实值	0.0000	118.5763	31.8947	50.0000	2.0000	3.0000	4.0000	18.4000	1.0000	1984.0000	1459.0000	962.5210			0.8350	0.0012	0.8348
预测值	0.0000	118.5763	31.8947	50.0000	2.0000	3.0000	4.0000	18.4000	1.0000	1999.3695	1468.6694	961.5415	0.9982	0.5006	0.8336	0.0011	0.8327
第四组																	
	门桥类型	经度/(°)	纬度/(°)	江河宽度/m	下水点数量	漕渡门桥编号	装备类型	气温/℃	昼夜	T_{mqjs}/s	T_{mqcx}/s	T_{mqtz}/s	W_{mqjf}	W_{mqtz}	P_{mqjf}	P_{mqtz}	P_{mqzy}
真实值	1.0000	118.5761	31.8944	50.0000	1.0000	1.0000	5.0000	18.6000	1.0000	1817.0000	1410.0000	3088.1290			0.7745	0.0003	0.7741
预测值	1.0000	118.5761	31.8944	50.0000	1.0000	1.0000	5.0000	18.6000	1.0000	1816.1194	1410.0103	3085.9500	0.9982	0.5006	0.7745	0.0003	0.7733
第五组																	
	门桥类型	经度/(°)	纬度/(°)	江河宽度/m	下水点数量	漕渡门桥编号	装备类型	气温/℃	昼夜	T_{mqjs}/s	T_{mqcx}/s	T_{mqtz}/s	W_{mqjf}	W_{mqtz}	P_{mqjf}	P_{mqtz}	P_{mqzy}
真实值	0.0000	118.5762	31.8944	50.0000	2.0000	1.0000	6.0000	16.8000	0.0000	3268.0000	2359.0000	2282.3050			1.3531	0.0006	1.3529
预测值	0.0000	118.5762	31.8944	50.0000	2.0000	1.0000	6.0000	16.8000	0.0000	3267.6602	2358.9791	2280.8670	0.9982	0.5006	1.3530	0.0005	1.3508

图 4-17　渡河装备门桥效能计算模型的实例验算结果

第4章 渡河装备效能计算模型

图 4-18 渡河装备浮桥效能计算模型的实例验算结果

		输入条件								模型输出			权重优化结果		物理机理计算结果		能力值
	浮桥类型	作业总人数	经度/(°)	纬度/(°)	江河宽度/m	下水点数量	装备类型	载荷序号	昼夜	气温/℃	T_{fqsf}/s	T_{fqcs}/s	T_{fqxz}/s	W_{fqjs}	W_{fqcs}	P_{fqjsf}	P_{fqxz}	P_{fqz}
第一组 真实值	2	5	118.56	31.862	185	2	1	21	1	18.5	1187.5161	1087.5161	189.73983	0.984	0.505	0.6233234	0.0044715	0.6179
第一组 预测值	2	5	118.56	31.862	185	2	1	21	1	18.5	1189.5161	1081.5161	191.73983	0.984	0.505	0.6253234	0.0044915	0.6175864
第二组 真实值	1	4	118.56	31.862	185	4	0	18	0	18.5	1099.7665	999.7665	159.00264	0.984	0.505	0.4892112	0.0059299	0.4865
第二组 预测值	1	4	118.56	31.862	185	4	0	18	0	18.5	1089.7665	1000.7665	161.00264	0.984	0.505	0.4912112	0.0060299	0.486397
第三组 真实值	0	8	118.56	31.862	185	2	2	10	1	18.5	1208.5051	1008.5051	129.48422	0.984	0.505	0.5347354	0.0060773	0.5368
第三组 预测值	0	8	118.56	31.862	185	2	2	10	1	18.5	1218.5051	1010.5051	126.48422	0.984	0.505	0.5387354	0.0061773	0.5332352
第四组 真实值	2	2	118.56	31.862	185	4	1	9	1	18.5	1069.7547	1020.7547	194.48227	0.984	0.505	0.505437	0.005914	0.5107
第四组 预测值	2	2	118.56	31.862	185	4	1	9	1	18.5	1089.7547	1015.7547	196.48227	0.984	0.505	0.515437	0.005916	0.5101776
第五组 真实值	0	10	118.56	31.862	185	2	0	5	0	18.5	1144.0023	1044.0023	142.48266	0.984	0.505	0.5923009	0.0041199	0.5758
第五组 预测值	0	10	118.56	31.862	185	2	0	5	0	18.5	1150.0023	1040.0023	144.48266	0.984	0.505	0.5823009	0.0041299	0.5750697

2. 灵敏度分析

灵敏度分析使用了 Sobol 灵敏度分析方法，通过计算输出参数与各项输入的一阶灵敏度，反映输入变量对于输出结果的影响。样本采样数为 2^{10}，采用 L2 正则化方法，各个子模型的敏感性分析结果柱状图如图 4-19 ~ 图 4-23 所示。

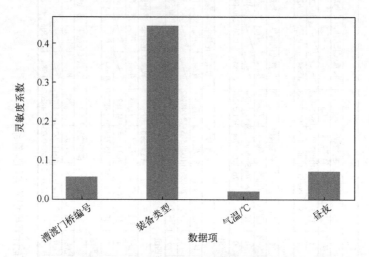

图 4-19　门桥通载时间敏感性分析结果

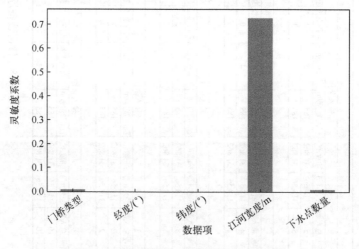

图 4-20　门桥拆卸时间敏感性分析结果

由图 4-19 可见，装备类型对门桥通载时间的影响最大，其他因素影响较

第 4 章 渡河装备效能计算模型

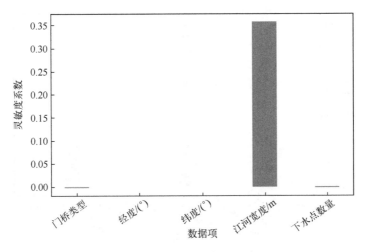

图 4-21 门桥架设时间敏感性分析结果

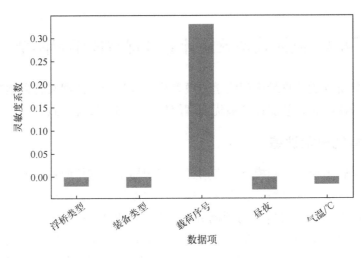

图 4-22 浮桥通载时间敏感性分析结果

小。由图 4-20 可见，江河宽度主要影响门桥拆卸时间，门桥类型、下水点数量以及作业点的经纬度对门桥拆卸时间影响较小。由图 4-21 可知，门桥架设时间主要受江河宽度的影响，其他因素对门桥架设时间几乎没有影响。由图 4-22 可知，浮桥通载时间主要受载荷序号的影响，其他因素对其影响较小。由图 4-23 可知浮桥架设时间主要受作业总人数和江河宽度的影响，其他因素对其几乎没有影响。

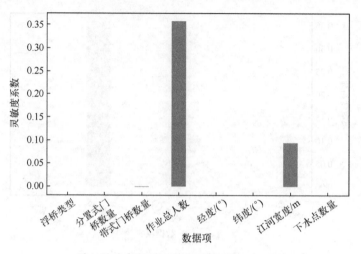

图 4-23 浮桥架设时间敏感性分析结果

4.2 渡河装备效能计算最优智能学习模型

渡河装备效能计算最优智能学习模型构建过程中，渡河装备采集数据与预处理方法与渡河装备效能计算最优物理解析模型构建过程一致。

4.2.1 智能模型训练

综合比较多项式回归模型、高斯过程回归模型、支持向量机模型、多层感知回归模型、决策树模型、随机森林模型、梯度提升回归树模型、核岭回归模型，综合比较选取确定最佳的预测分析模型。各模型参数配置如下：PLM 模型：多项式自由度 degree=10，采用线性回归方法；GPR 模型：常数核的参数设定为 constant=0.1，constantbounds=$(10^{-3},10^{-1})$，径向基核函数 RBF 的尺度参数设定为 lenthscale=0.5，上下边界 lenthscalebounds=$(10^{-4},10)$；SVM 模型：核函数为径向基函数(kernel="rbf")；MLPR 模型：学习率 lr=0.01，激活函数 activation="relu"，优化求解器 solver="adam"；DTR 模型：最大树深度 max_depth=5；RFR 模型：设置评判标准为均方误差，即 criterion=mse，决策树的数量设定为 n_estimators=100；GBRT 模型：决策树的数量设定为 n_estimators=100，学习率设定为 learning_rate=0.1，最大树深度 max_depth=5；KR 模型：影响系数为 α=1，核函数为径向基函数(kernel="rbf")，模型自由度为 degree=3。

第4章 渡河装备效能计算模型

1. 门桥通载效率模型

图 4-24 所示为漕渡门桥通载数据的各指标得分雷达图,其中各项指标都是通过无量纲化得到的(表 4-18~表 4-20),指标越接近 1 说明模型在该项指标的表现越好,因此,雷达图覆盖面积越大说明模型的综合表现越好。由图可见,GBRT 和 DTR 模型所构成雷达图的面积最大。结合模型打分表,DTR 模型得分最高,为 5.74 分。因此,选择 DTR 模型作为预测漕渡门桥通载时间的最优模型。

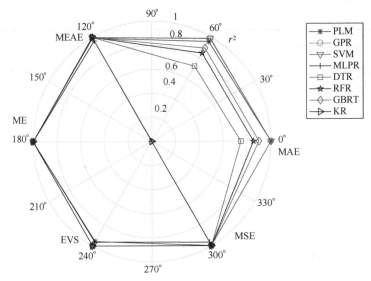

图 4-24 门桥通载效率模型得分比较图

表 4-18 门桥通载效率模型得分表

模型	PLM	GPR	SVM	MLPR	DTR	RFR	GBRT	KR
得分	1.48	5.49	0.27	2.42	5.74	5.08	5.72	0.18

表 4-19 门桥通载效率实际打分结果

指标	PLM	GPR	SVM	MLPR	DTR	RFR	GBRT	KR
r^2	−1.91	0.311	−0.0298	−10326	0.706	0.829	0.884	−0.168
MAE	−1.85	0.326	0.0	−64.8	0.713	0.838	0.887	0.00149
MSE	0.00026	0.000146	0.00028	0.0329	0.000097	0.000091	0.000054	0.00027
EVS	0.0	0.0	0.0	0.00109	0.0	0.0	0.0	0.0
ME	0.00186	0.000755	0.00059	0.0371	0.000426	0.000331	0.000372	0.00078
MEAE	0.00002	0.000009	0.00032	0.0331	0.000032	0.000005	0.0	0.00022

表 4-20　门桥通载效率归一化打分结果

指标	PLM	GPR	SVM	MLPR	DTR	RFR	GBRT	KR
r^2	1.0	1.0	1.0	0.0	0.749	0.854	0.900	0.0
EVS	0.958	0.990	0.985	0.0	0.720	0.847	0.895	0.00151
MAE	0.994	1.0	1.0	0.967	1.0	1.0	1.0	1.0
MSE	1.0	1.0	1.0	0.999	1.0	1.0	1.0	1.0
ME	0.958	1.0	1.0	0.963	1.0	1.0	1.0	1.0
MEAE	0.999	1.0	1.0	0.967	1.0	1.0	1.0	1.0

图 4-25 是对漕渡门桥通载效率预测的对角线图，使用综合误差打分机制选取的最优机器学习模型为高斯过程回归模型，图中黑线表示预测值和真值相等，可以看到预测值基本分布在该线附近，说明模型预测对该项能力的预测较为准确。

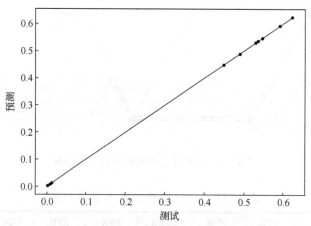

图 4-25　门桥通载效率预测的对角线图

2. 门桥结合与分解效率模型

图 4-26 所示为预测门桥结合与分解效率的模型雷达图（表 4-21~表 4-23），各指标值已经过无量纲化处理，雷达图覆盖面积越大表明模型预测精度越高。由图可见，SVM 模型在 EVS、MEAE 上有最优表现，结合模型得分具体数值，选择得分最高的 SVM 模型（2.31 分）作为预测门桥结合与分解效率的最优模型。

表 4-21　门桥结合分解效率模型得分表

模型	PLM	GPR	SVM	MLPR	DTR	RFR	GBRT	KR
得分	0.93	0.99	2.31	1.39	1.13	1.19	1.06	1.0

第4章 渡河装备效能计算模型

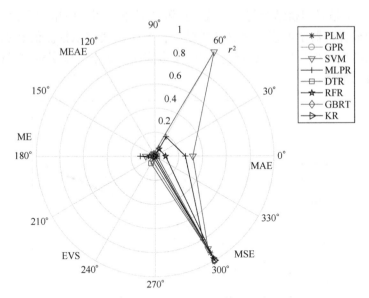

图 4-26 门桥结合与分解效率模型得分比较图

表 4-22 门桥结合与分解效率实际打分结果

指标	PLM	GPR	SVM	MLPR	DTR	RFR	GBRT	KR
r^2	-3.04	-0.923	-0.220	-0.159	-0.310	-0.265	-0.322	-0.164
MAE	-2.71	-0.305	0.000201	-0.000551	-0.213	-0.147	-0.231	-0.000039
MSE	1.38	0.945	0.715	0.732	0.715	0.726	0.716	0.730
EVS	5.57	2.65	1.68	1.60	1.81	1.74	1.82	1.61
ME	6.05	3.81	2.88	2.79	2.65	2.84	2.68	2.80
MEAE	0.0647	0.0562	0.156	0.238	0.0532	0.0673	0.0515	0.23

表 4-23 门桥结合与分解效率归一化打分结果

指标	PLM	GPR	SVM	MLPR	DTR	RFR	GBRT	KR
r^2	0.0	0.0	0.318	0.256	0.0197	0.0897	0.0	0.0
EVS	0.0	0.0	1.0	0.187	0.0154	0.0688	0.0	0.0
MAE	0.0	0.0	0.0233	0.0	0.0201	0.00481	0.0186	0.0
MSE	0.0	0.0	0.0775	0.124	0.00956	0.0434	0.0	0.0
ME	0.0	0.0	0.0	0.0168	0.068	0.0	0.0411	0.0
MEAE	0.929	0.995	0.889	0.802	0.998	0.983	1.0	1.0

图 4-27 是对门桥结合与分解效率预测的对角线图，使用综合误差打分机制选取的最优机器学习模型为决策树模型，图中黑线表示预测值和真值相等，该模型测试点较少，但可以看到预测值大多落在该线上，说明模型对该项能力的预测较为准确。

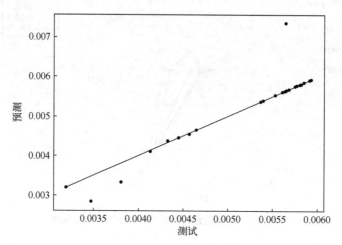

图 4-27 门桥结合与分解效率预测的对角线图

3. 门桥效能计算模型

图 4-28 所示为预测门桥效能计算的模型雷达图，各指标值已经过无量纲

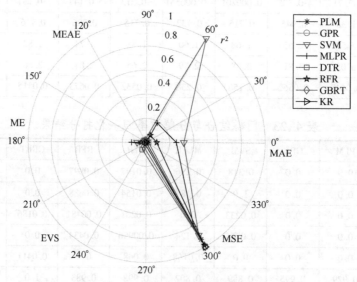

图 4-28 门桥效能计算模型得分比较图

第4章 渡河装备效能计算模型

化处理（表4-24~表4-26），雷达图覆盖面积越大表明模型预测精度越高。由图可见，SVM模型在MAE、MSE、r^2上有最优表现，结合模型具体得分，选择得分最高的SVM模型（2.60分）作为预测门桥效能计算的最优模型。

表4-24 门桥效能计算模型得分表

模型	PLM	GPR	SVM	MLPR	DTR	RFR	GBRT	KR
得分	0.89	2.47	2.60	1.97	1.12	2.18	1.24	1.0

表4-25 门桥效能实际打分结果

指标	PLM	GPR	SVM	MLPR	DTR	RFR	GBRT	KR
r^2	-3.32	-0.477	-0.0450	-0.0364	-0.701	-0.0712	-0.565	-0.0147
MAE	-3.32	0.0127	-0.000331	-0.000427	-0.701	-0.0701	-0.564	-0.000034
MSE	0.828	0.523	0.339	0.501	0.39	0.354	0.351	0.463
EVS	2.40	0.820	0.580	0.575	0.994	0.595	0.869	0.563
ME	4.70	2.65	2.87	2.58	2.84	2.76	2.65	2.63
MEAE	0.049	0.0553	0.157	0.401	0.0359	0.0904	0.00329	0.349

表4-26 门桥效能归一化打分结果

指标	PLM	GPR	SVM	MLPR	DTR	RFR	GBRT	KR
r^2	0.0	0.0	0.318	0.256	0.0197	0.0897	0.0	0.0
EVS	0.0	0.0	1.0	0.187	0.0154	0.0688	0.0	0.0
MAE	0.0	0.0	0.0233	0.0	0.0201	0.00481	0.0186	0.0
MSE	0.0	0.0	0.0775	0.124	0.00956	0.0434	0.0	0.0
ME	0.0	0.0	0.0	0.0168	0.068	0.0	0.0411	0.0
MEAE	0.929	0.995	0.889	0.802	0.998	0.983	1.0	1.0

图4-29是对门桥效能预测的对角线图，使用综合误差打分机制选取的最优机器学习模型为支持向量机模型，图中黑线表示预测值和真值相等，该模型测试点较少，但可以看到部分预测值偏离该线较多，说明模型对该项能力的预测有待提升。

4. 浮桥通载效率模型

图4-30所示为浮桥通载效率的各指标得分雷达图（表4-27~表4-29），雷达图原理同上。由图可见，GPR模型在所有指标上都有最优表现。结合各模型实际打分情况，GPR模型得分最高，为6.00。因此，选择GPR模型作为预测浮桥通载效率的最优模型。

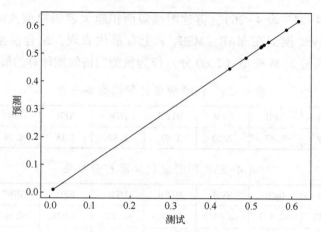

图 4-29 门桥效能预测的对角线图

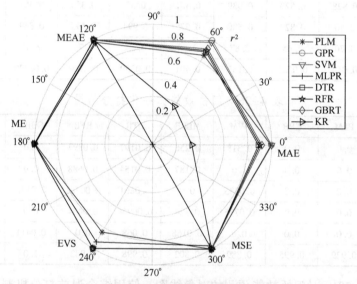

图 4-30 浮桥通载效率模型得分比较图

表 4-27 浮桥通载效率模型得分表

模型	PLM	GPR	SVM	MLPR	DTR	RFR	GBRT	KR
得分	5.67	6.00	5.98	3.87	5.78	5.81	5.84	4.70

表 4-28 浮桥通载效率实际打分结果

指标	PLM	GPR	SVM	MLPR	DTR	RFR	GBRT	KR
r^2	−7.44	0.857	−0.203	−1480	0.889	0.903	0.917	0.329

第4章 渡河装备效能计算模型

续表

指标	PLM	GPR	SVM	MLPR	DTR	RFR	GBRT	KR
MAE	-7.44	0.859	0.0	-57.9	0.890	0.903	0.919	0.366
MSE	0.000824	0.000096	0.00087	0.0332	0.000188	0.000181	0.000163	0.00061
EVS	0.000007	0.0	0.000001	0.00115	0.0	0.0	0.0	0.000001
ME	0.0106	0.00156	0.00157	0.0625	0.00106	0.00094	0.000956	0.00190
MEAE	0.000001	0.000007	0.00095	0.0316	0.00012	0.000108	0.000101	0.00059

表 4-29 浮桥通载效率归一化打分结果

指标	PLM	GPR	SVM	MLPR	DTR	RFR	GBRT	KR
r^2	0.994	0.999	0.999	0.0	0.889	0.903	0.917	0.329
EVS	0.858	0.999	0.983	0.0	0.891	0.904	0.920	0.366
MAE	0.978	1.0	0.999	0.967	0.999	0.999	1.0	1.0
MSE	0.994	1.0	1.0	0.999	1.0	1.0	1.0	1.0
ME	0.842	0.999	0.999	0.938	0.999	1.0	1.0	1.0
MEAE	1.0	1.0	0.999	0.968	0.999	0.999	1.0	1.0

5. 浮桥架设与撤收效率模型

图 4-31 所示为浮桥架设与撤收效率的各指标得分雷达图（表 4-30~表 4-32），

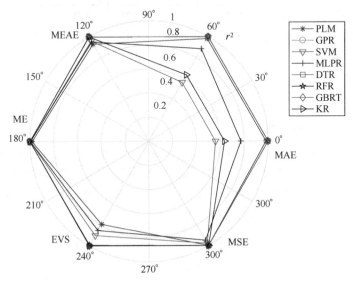

图 4-31 浮桥架设与撤收效率模型得分比较图

雷达图原理同上。由图可见，GPR 模型在所有指标上都有最优表现。结合各模型实际打分情况，GPR 模型得分最高，为 6.0。因此，选择 GPR 模型作为预测浮桥架设与撤收效率的最优模型。

表 4-30　浮桥架设与撤收效率模型得分表

模型	PLM	GPR	SVM	MLPR	DTR	RFR	GBRT	KR
得分	5.67	6.0	4.96	5.41	5.99	5.99	5.99	5.27

表 4-31　浮桥架设与撤收效率实际打分结果

指标	PLM	GPR	SVM	MLPR	DTR	RFR	GBRT	KR
r^2	0.997	1.0	0.929	0.900	1.0	1.0	1.0	0.839
MAE	0.997	1.0	0.931	0.950	1.0	1.0	1.0	0.841
MSE	0.00406	0.000117	0.0392	0.0475	0.000292	0.00178	0.000399	0.0575
EVS	0.000108	0.0	0.00267	0.00378	0.0	0.000007	0.000001	0.00605
ME	0.0318	0.000636	0.0992	0.147	0.00111	0.00855	0.00417	0.152
MEAE	0.000035	0.000026	0.0222	0.0512	0.000001	0.000986	0.000005	0.0415

表 4-32　浮桥架设与撤收效率归一化打分结果

指标	PLM	GPR	SVM	MLPR	DTR	RFR	GBRT	KR
r^2	0.982	1.0	0.559	0.772	0.999	1.0	0.999	0.635
EVS	0.982	1.0	0.564	0.885	0.999	1.0	0.999	0.636
MAE	0.931	1.0	0.961	0.953	1.0	0.999	1.0	1.0
MSE	0.982	1.0	0.997	0.996	1.0	1.0	1.0	1.0
ME	0.794	1.0	0.902	0.854	1.0	0.996	1.0	1.0
MEAE	0.999	1.0	0.978	0.949	1.0	1.0	1.0	1.0

6. 浮桥效能计算模型

图 4-32 所示为浮桥效能计算的各指标得分雷达图（表 4-33～表 4-35），雷达图原理同上。由图可见，GBRT 模型在所有指标上都有最优表现。结合各模型实际打分情况，GBRT 模型得分最高，为 5.99。因此，选择 GBRT 模型作为预测浮桥效能计算的最优模型。

表 4-33　浮桥效能计算模型得分表

模型	PLM	GPR	SVM	MLPR	DTR	RFR	GBRT	KR
得分	3.24	5.98	5.23	4.97	6.0	5.91	5.99	4.86

第4章 渡河装备效能计算模型

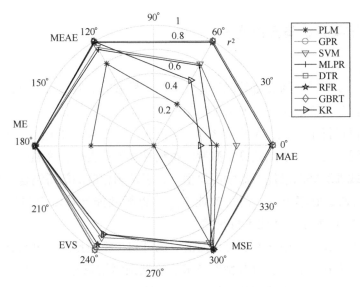

图 4-32 浮桥效能计算模型得分比较图

表 4-34 浮桥效能实际打分结果

指标	PLM	GPR	SVM	MLPR	DTR	RFR	GBRT	KR
r^2	0.852	1.0	0.856	0.758	1.0	0.992	1.0	0.687
MAE	0.863	1.0	0.868	0.860	1.0	0.993	1.0	0.774
MSE	0.0197	0.000386	0.0558	0.0773	0.000477	0.00960	0.000831	0.0913
EVS	0.00499	0.000001	0.00487	0.00818	0.0	0.000265	0.000002	0.0106
ME	0.302	0.003726	0.115	0.147	0.00126	0.0533	0.00455	0.151
MEAE	0.000193	0.000122	0.0679	0.0503	0.000293	0.00264	0.000136	0.0662

表 4-35 浮桥效能归一化打分结果

指标	PLM	GPR	SVM	MLPR	DTR	RFR	GBRT	KR
r^2	0.528	0.999	0.695	0.487	1.0	0.985	0.999	0.390
EVS	0.396	0.999	0.782	0.768	1.0	0.988	0.999	0.625
MAE	0.788	1.0	0.945	0.923	1.0	0.991	1.0	1.0
MSE	0.528	0.999	0.995	0.992	1.0	1.0	1.0	1.0
ME	0.0	0.975	0.882	0.849	0.999	0.947	0.995	0.849
MEAE	0.999	1.0	0.932	0.950	0.999	0.997	1.0	1.0

4.2.2 结果分析与灵敏度分析

1. 结果分析

为进一步验证渡河装备效能计算智能学习模型的准确性与可靠性,本章通过5组实例化计算表格完整展示了模型的计算流程与计算结果,并将模型预测值与真实值进行了对比,结果如图4-33所示。对于给定的门桥类型、经度、纬度、江河宽度、下水点数量、漕渡门桥编号、装备类型、气温、昼夜等输入条件,加载训练好的最优机器学习模型,分别预测相应的门桥结合与分解效率P_{mqjf}、门桥通载效率P_{mqtz}、门桥效能P_{mqzy}。浮桥效能计算流程与门桥效能相似,如图4-34所示,在此不再赘述。

由5组计算实例中真实值与预测值对比可知,模型预测结果与真值的最大相对误差仅为0.0129%,符合精度要求。模型预测结果与真实结果极为接近,误差较小,进一步说明渡河装备效能分析计算智能学习模型具有较高的准确性与可靠性。

2. 灵敏度分析

灵敏度分析使用了Sobol灵敏度分析方法,通过计算输出参数与各项输入的一阶灵敏度,反映输入变量对于输出结果的影响。样本采样数为2^{10},采用L2正则化方法,各个子模型的敏感性分析结果柱状图如图4-35~图4-40所示。

由图4-35可知,漕渡通载效率主要受气温的影响,装备类型、昼夜、下水点数量以及漕渡门桥编号等因素对其都有一定影响,其余变量几乎没有影响。由图4-36可知,门桥结合与分解效率主要受漕渡门桥编号和装备类型的影响,其中编号的不同漕渡门桥可能对应不同的工作单位,因此产生影响。而门桥类型和气温对门桥结合分解效率具有一定影响,其他变量对门桥结合与分解效率几乎没有影响。由图4-37可知,门桥效能主要受装备类型的影响,门桥类型和漕渡门桥编号对其有一定影响,其他变量对其几乎没有影响。由图4-38可知,浮桥通载效率主要受作业总人数、浮桥通载用时以及浮桥拆卸用时的影响,其他因素对其影响较小。由图4-39可知,浮桥架设与撤收效率主要受浮桥架设用时和浮桥拆卸用时的影响,其他因素对其几乎没有影响。由图4-40可知,浮桥效能主要受浮桥架设用时的影响,其他因素对其几乎没有影响。

第一组												
	输入条件									模型预测结果		能力值
	门桥类型	经度/(°)	纬度/(°)	江河宽度/m	下水点数量	漕渡门桥编号	装备类型	气温/℃	昼夜	P_{mqjf}	P_{mqtz}	P_{mqzy}
真实值	0.0000	118.5761	31.8946	50.0000	2.0000	2.0000	0.0000	18.4000	1.0000	1.3486	0.0016	1.3470
预测值	0.0000	118.5761	31.8946	50.0000	2.0000	2.0000	0.0000	18.4000	1.0000	1.3485	0.0016	1.3469
第二组												
	输入条件									模型预测结果		能力值
	门桥类型	经度/(°)	纬度/(°)	江河宽度/m	下水点数量	漕渡门桥编号	装备类型	气温/℃	昼夜	P_{mqjf}	P_{mqtz}	P_{mqzy}
真实值	0.0000	118.5763	31.8945	50.0000	2.0000	1.0000	2.0000	18.4000	1.0000	0.7461	0.0009	0.7460
预测值	0.0000	118.5763	31.8945	50.0000	2.0000	1.0000	2.0000	18.4000	1.0000	0.7459	0.0009	0.7450
第三组												
	输入条件									模型预测结果		能力值
	门桥类型	经度/(°)	纬度/(°)	江河宽度/m	下水点数量	漕渡门桥编号	装备类型	气温/℃	昼夜	P_{mqjf}	P_{mqtz}	P_{mqzy}
真实值	0.0000	118.5763	31.8947	50.0000	2.0000	3.0000	4.0000	18.4000	1.0000	0.8350	0.0012	0.8348
预测值	0.0000	118.5763	31.8947	50.0000	2.0000	3.0000	4.0000	18.4000	1.0000	0.8336	0.0011	0.8327
第四组												
	输入条件									模型预测结果		能力值
	门桥类型	经度/(°)	纬度/(°)	江河宽度/m	下水点数量	漕渡门桥编号	装备类型	气温/℃	昼夜	P_{mqjf}	P_{mqtz}	P_{mqzy}
真实值	1.0000	118.5761	31.8944	50.0000	1.0000	1.0000	5.0000	18.6000	1.0000	0.7745	0.0003	0.7741
预测值	1.0000	118.5761	31.8944	50.0000	1.0000	1.0000	5.0000	18.6000	1.0000	0.7745	0.0003	0.7733
第五组												
	输入条件									模型预测结果		能力值
	门桥类型	经度/(°)	纬度/(°)	江河宽度/m	下水点数量	漕渡门桥编号	装备类型	气温/℃	昼夜	P_{mqjf}	P_{mqtz}	P_{mqzy}
真实值	0.0000	118.5762	31.8944	50.0000	2.0000	1.0000	6.0000	16.8000	0.0000	1.3531	0.0006	1.3529
预测值	0.0000	118.5762	31.8944	50.0000	2.0000	1.0000	6.0000	16.8000	0.0000	1.3530	0.0005	1.3508

图 4-33 渡河装备门桥效能计算智能学习模型实例化计算结果

第一组

	输入条件										物理机理计算结果		能力值
	浮桥类型	作业总人数	经度/(°)	纬度/(°)	江河宽度/m	下水点数量	装备类型	载荷序号	昼夜	气温/℃	P_{fqjf}	P_{fqtz}	P_{fqzy}
真实值	2	5	118.5557	31.86178	185	2	1	21	1	18.5	0.6233234	0.0044715	0.6179
预测值	2	5	118.5557	31.86178	185	2	1	21	1	18.5	0.6253234	0.0044915	0.6178

第二组

	输入条件										物理机理计算结果		能力值
	浮桥类型	作业总人数	经度/(°)	纬度/(°)	江河宽度/m	下水点数量	装备类型	载荷序号	昼夜	气温/℃	P_{fqjf}	P_{fqtz}	P_{fqzy}
真实值	1	4	118.5557	31.86178	185	4	0	18	0	18.5	0.4892112	0.0059299	0.4865
预测值	1	4	118.5557	31.86178	185	4	0	18	0	18.5	0.4912112	0.0060299	0.4867

第三组

	输入条件										物理机理计算结果		能力值
	浮桥类型	作业总人数	经度/(°)	纬度/(°)	江河宽度/m	下水点数量	装备类型	载荷序号	昼夜	气温/℃	P_{fqjf}	P_{fqtz}	P_{fqzy}
真实值	0	8	118.5557	31.86178	185	2	2	10	1	18.5	0.5347354	0.0060773	0.5368
预测值	0	8	118.5557	31.86178	185	2	2	10	1	18.5	0.5387354	0.0061773	0.5337

第四组

	输入条件										物理机理计算结果		能力值
	浮桥类型	作业总人数	经度/(°)	纬度/(°)	江河宽度/m	下水点数量	装备类型	载荷序号	昼夜	气温/℃	P_{fqjf}	P_{fqtz}	P_{fqzy}
真实值	2	2	118.5557	31.86178	185	4	1	9	1	18.5	0.505437	0.005914	0.5107
预测值	2	2	118.5557	31.86178	185	4	1	9	1	18.5	0.515437	0.005916	0.5112

第五组

	输入条件										物理机理计算结果		能力值
	浮桥类型	作业总人数	经度/(°)	纬度/(°)	江河宽度/m	下水点数量	装备类型	载荷序号	昼夜	气温/℃	P_{fqjf}	P_{fqtz}	P_{fqzy}
真实值	0	10	118.5557	31.86178	185	2	0	5	0	18.5	0.5923009	0.0041199	0.5758
预测值	0	10	118.5557	31.86178	185	2	0	5	0	18.5	0.5823009	0.0041299	0.5751

图 4-34　渡河装备浮桥效能计算智能学习模型实例化计算结果

第4章 渡河装备效能计算模型

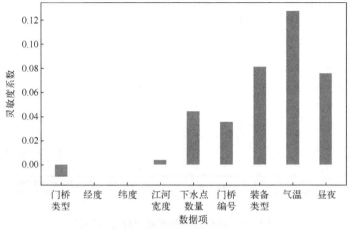

图 4-35 漕渡通载效率敏感性分析结果

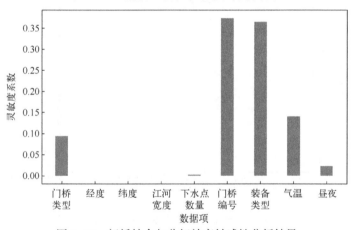

图 4-36 门桥结合与分解效率敏感性分析结果

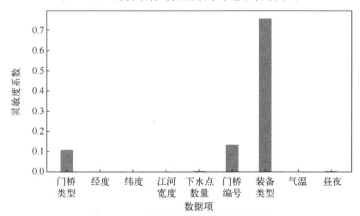

图 4-37 门桥效能敏感性分析结果

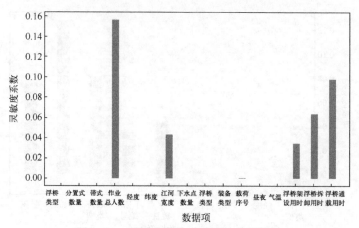

图 4-38 浮桥通载效率敏感性分析结果

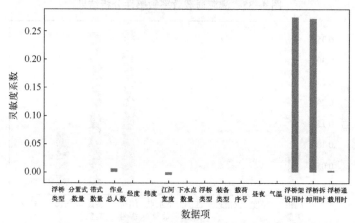

图 4-39 浮桥架设与撤收效率敏感性分析结果

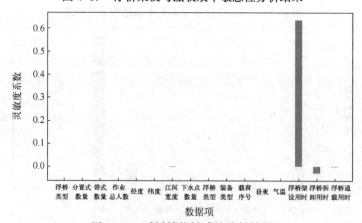

图 4-40 浮桥效能敏感性分析结果

4.3 模型校验

将基于智能优化的渡河装备效能计算物理解析模型结果与基于数据驱动的渡河装备效能计算智能学习模型结果相互验证,以达到模型校验的目的。以渡河装备中门桥作业为例,5组实例化计算对比结果如图4-41所示,门桥作业

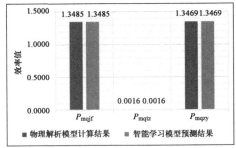
(a) 第一组对比结果

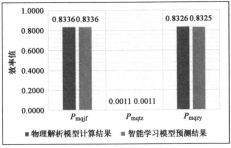
(b) 第二组对比结果

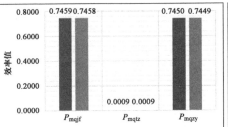
(c) 第三组对比结果

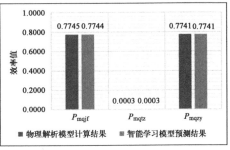
(d) 第四组对比结果

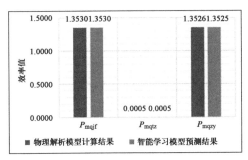
(e) 第五组对比结果

图4-41 渡河装备效能计算物理解析与智能学习模型计算结果对比

输出指标包括门桥结合与分解效率 P_{mqjf}、门桥通载效率 P_{mqtz}、门桥效能 P_{mqzy}。

由图 4-41 可知,渡河装备效能计算物理解析模型计算结果与智能学习模型预测结果极为接近,最大误差仅为 0.0134%,符合精度要求。模型验证结果说明物理解析模型与智能预测模型具有较高的准确性与可靠性,可以进行相互验证。

第 5 章 探雷装备效能计算模型

探雷的基本任务是对各级道路实施探雷并标记。其基本方法是：划分作业区域，平行逐次探雷。本章从基于数据驱动的智能学习模型构建方法和基于智能优化的物理解析模型构建方法入手，分析确定探雷装备效能计算的最优模型。

5.1 探雷装备效能计算最优物理解析模型

探雷装备采集数据情况如图 5-1 所示。其中，对角线上的图是每个变量的分布曲线图，可以看到各个变量在不同区间内的分布情况；非对角线上是变量两两之间的相关性回归分析图，可以初步分析变量之间的关联性，如地雷探知个数和参与人数。

基于智能优化的解析模型主要由三部分功能组成：针对探雷装备小样本数据训练智能模型用于预测物理机理计算公式中需要的输入参数；根据提供的探雷装备数据利用智能优化算法动态寻优得到输入与输出之间的修正系数；将智能模型和优化算法得到的输入参数与修正系数输入物理机理公式中计算最终的各项效能指标。其模型计算流程如图 5-2 所示。

5.1.1 数据预处理

经过对输入的数据进行分析，因为数据体量较小且数据本身包含的噪声很少，该场景下的数据无须降维和去噪处理，仅需开展数据清洗和归一化处理，数据清洗的结果如图 5-3 所示，归一化操作在模型训练部分完成。

以某次探雷装备作业为例，探雷装备数据集为战士手动记录的数据集，共包含通路类型、装备类型、通路长度、通路宽度、雷场类型、参与人数、昼夜和地雷探知个数 8 组变量，每组包含 48 条可用数据（图 5-3 中展示了其中 5 组）。为了测试本章所提的数据预处理方法的可行性，特意将数据分为空缺组和对照组，对照组数据不作任何处理，空缺组则将其中第 8 条、第 19 条、第 29 条、第 38 条和第 48 条数据剔除，模拟数据缺失的情形。之后将空缺组送入数据填补模块进行处理,填补结果如表 5-1 所列。

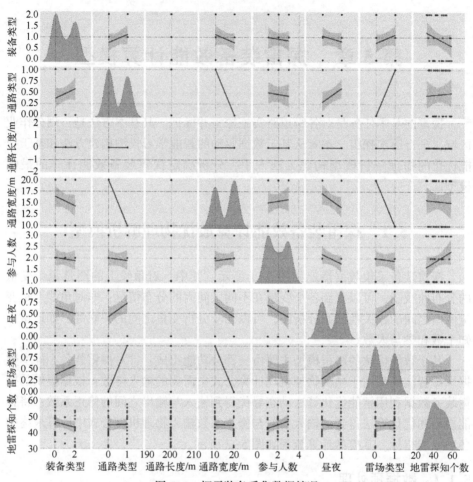

图 5-1 探雷装备采集数据情况

表 5-1 探雷数据统计量

参数	装备类型	通路类型	通路长度/m	通路宽度/m	参与人数	昼夜	雷场类型	地雷探知个数
平均数	0	0	200	15	1	0	0	44
中位数	1.0	0.0	200.0	20.0	2.0	1.0	0.0	43.0
众数	0	0	200	20	1	1	0	39
最大值	2	1	200	20	3	1	1	59
最小值	0	0	200	10	1	0	0	31
标准差	0.92	0.5	0.0	4.99	0.88	0.5	0.5	8.16

第5章 探雷装备效能计算模型

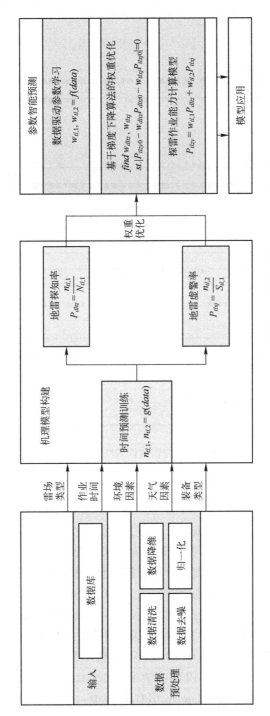

图 5-2 基于智能优化的探雷模型解析模型框架

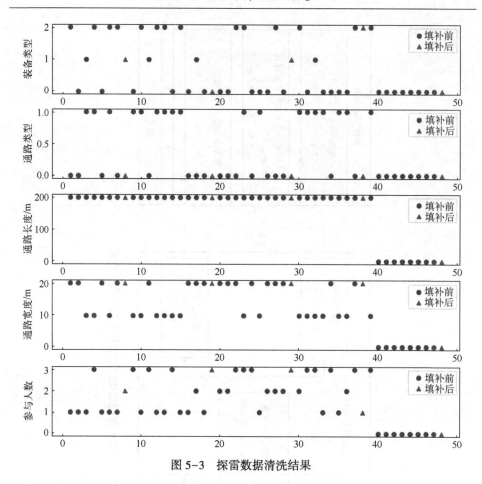

图 5-3 探雷数据清洗结果

5.1.2 智能优化

在获取的数据清洗结果基础上,采用数据量化打分机制,综合比较多项式回归模型、高斯过程回归模型、支持向量机模型、多层感知回归模型、决策树模型、随机森林模型、梯度提升回归树模型、核岭回归模型,综合比较选取确定最佳的预测模型。各模型参数配置如下:①PLM 模型:多项式自由度 degree=10,采用线性回归方法;②GPR 模型:常数核的参数设定为 constant=0.1,constantbounds=(10^{-3},10^{-1}),径向基核函数的尺度参数设定为 lenthscale=0.5,上下边界 lenthscalebounds=(10^{-4},10);③SVM 模型:核函数为径向基函数(kernel="rbf");④MLPR 模型:学习率 lr=0.01,激活函数 activation="relu",优化求解器 solver="adam";⑤DTR 模型:最大树深度 max_depth=5;

第5章 探雷装备效能计算模型

⑥RFR 模型：设置评判标准为均方误差，即 criterion = mse，决策树的数量设定为 n_estimators = 100；⑦GBRT 模型：决策树的数量设定为 n_estimators = 100，学习率设定为 learning_rate = 0.1，最大树深度 max_depth = 5；⑧KR 模型：影响系数为 $\alpha = 1$，核函数为径向基函数（kernel = "rbf"），模型自由度为 degree = 3。

1. 探测地雷个数模型

图 5-4 所示为预测探测地雷个数的各指标得分雷达图，其中各项指标都是通过无量纲化得到的（表 5-2~表 5-4），指标越接近 1 说明模型在该项指标的表现越好，因此，雷达图覆盖面积越大说明模型的综合表现越好。由图可见，除了 PLM 模型，其他模型对该项能力的预测普遍较差，PLM 模型的雷达图覆盖面积最大，因此，选择 PLM 模型作为预测探测地雷个数的最优模型。

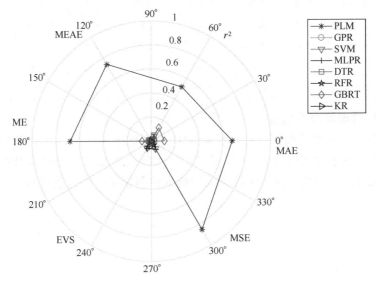

图 5-4 探测地雷个数模型得分比较图

表 5-2 探测地雷个数模型得分表

模型	PLM	GPR	SVM	MLPR	DTR	RFR	GBRT	KR
得分	3.47	0.0	0.25	0.25	0.10	0.094	0.35	0.0

表 5-3 探测地雷个数实际打分结果

指标	PLM	GPR	SVM	MLPR	DTR	RFR	GBRT	KR
r^2	-3.62	-11.5	-0.0193	-0.0139	-0.015	-0.0343	0.0627	-0.0144
MAE	-3.29	-6.91	0.000428	-0.0112	-0.0102	-0.0341	0.0676	-0.00008

续表

指标	PLM	GPR	SVM	MLPR	DTR	RFR	GBRT	KR
MSE	11.9	23.8	7.75	7.76	7.88	7.82	7.67	7.75
EVS	372	1003	82.1	81.6	81.7	83.3	75.5	81.7
ME	60.2	57.0	14.0	14.0	15.0	13.1	13.5	13.8
MEAE	8.50	11.8	8.01	7.93	8.50	8.29	8.63	8.00

表 5-4 探测地雷个数归一化打分结果

指标	PLM	GPR	SVM	MLPR	DTR	RFR	GBRT	KR
r^2	0.680	0.0	0.0211	0.0286	0.0270	0.0	0.111	0.0
EVS	0.519	0.0	0.0623	0.0412	0.0432	0.0	0.130	0.0
MAE	0.738	0.0	0.0159	0.0147	0.0	0.0	0.0101	0.0
MSE	0.680	0.0	0.0145	0.0197	0.0186	0.0	0.0760	0.0
ME	0.0	0.0	0.0655	0.0680	0.0	0.0555	0.0235	0.0
MEAE	0.851	0.0	0.0717	0.0805	0.0147	0.0388	0.0	0.0

2. 探雷虚警次数模型

图 5-5 所示为预测探雷虚警次数的各指标得分雷达图，其中各项指标都是通过无量纲化得到的（表 5-5~表 5-7），指标越接近 1 说明模型在该项指标的表现越好，因此，雷达图覆盖面积越大说明模型的综合表现越好。由图可

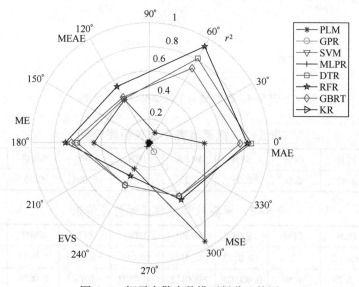

图 5-5 探雷虚警次数模型得分比较图

第5章 探雷装备效能计算模型

见，RFR 模型在 MSE、MAE 和 EVS 上有突出表现，PLM 模型在 MEAE 上有突出表现，结合雷达图覆盖面积，因此，选择 RFR 模型作为预测探雷虚警次数的最优模型。

表 5-5 探雷虚警次数模型得分表

模型	PLM	GPR	SVM	MLPR	DTR	RFR	GBRT	KR
得分	2.63	0.087	0.0022	0.077	3.61	3.86	3.49	0.0011

表 5-6 探雷虚警次数实际打分结果

指标	PLM	GPR	SVM	MLPR	DTR	RFR	GBRT	KR
r^2	-0.372	-1.31	-0.000057	0.00912	0.605	0.706	0.654	0.000422
MAE	-0.336	-0.457	0.00130	0.0105	0.615	0.756	0.668	0.000591
MSE	2.28	3.08	2.50	2.48	1.44	1.15	1.40	2.50
EVS	10.7	18.1	7.83	7.76	3.09	2.30	2.71	7.83
ME	8.26	10.0	5.10	4.86	3.0	3.44	3.0	5.03
MEAE	1.0	2.0	2.10	2.07	1.0	0.932	1.0	2.04

表 5-7 探雷虚警次数归一化打分结果

指标	PLM	GPR	SVM	MLPR	DTR	RFR	GBRT	KR
r^2	0.465	0.0	0.0	0.0129	0.857	0.824	0.763	0.000492
EVS	0.0996	0.0	0.00171	0.0139	0.814	0.929	0.720	0.000636
MAE	0.414	0.0	0.000469	0.00743	0.422	0.540	0.438	0.0
MSE	0.465	0.0	0.0	0.00870	0.605	0.706	0.654	0.0
ME	0.248	0.0	0.0	0.0345	0.404	0.316	0.404	0.0
MEAE	0.941	0.0866	0.0	0.0	0.509	0.542	0.509	0.0

5.1.3 物理计算

由探雷装备作业能力计算公式可知，地雷探知率由探测地雷个数 N_{dltz}、预设雷场地雷总数等参数决定；探雷虚警率由探测虚警次数 N_{tlxj}、探测雷场面积等参数决定。其中，探测地雷个数 N_{dltz}、探测虚警次数 N_{tlxj} 在给定装备类型、通路类型、通路长度、通路宽度、参与人数、昼夜、雷场类型等输入条件时可由训练好的最优机器学习模型预测得出，其预测结果如图 5-6 所示；其余参数可通过作战指挥官人为决策指定。

通过计算 38 组地雷探知率、探雷虚警率样本以验证物理机理计算模块的

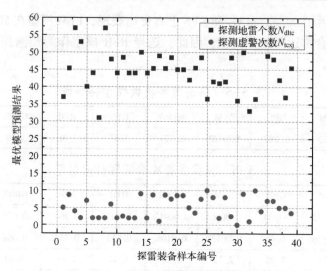

图 5-6 探测地雷个数、探测虚警次数预测结果

合理性与准确性。计算结果如图 5-7 所示，地雷探知率计算结果在 0.25~0.50 之间波动；探雷虚警率计算结果在 0.00~0.09 之间波动。在人为决策指定的参数确定时，探测地雷个数 N_{dltz} 越多，地雷探知率越高；探测虚警次数 N_{tlxj} 越多，探雷虚警率越高。因此，物理机理计算模块可以正确输出结果，计算结果具有合理性，可供参考。

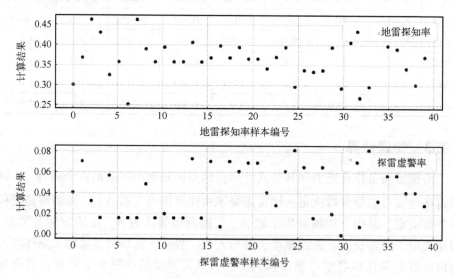

图 5-7 地雷探知率、探雷虚警率样本计算结果

5.1.4 参数寻优

对于真实的作战环境，需要考虑地形、气象、人员素质等影响因素对于地雷探知率、探雷虚警率的影响，而探雷装备作业能力由地雷探知率、探雷虚警率加权聚合得到。因此，计算探雷装备作业能力需要确定相应的权重系数以考虑地形、气象、人员素质等对于计算结果的影响。通过 BFGS 梯度下降优化算法对地雷探知率参数、探雷虚警率参数进行动态寻优，以确定合适的参数，进而确定最终的探雷装备效能计算物理解析模型。为了确定最终物理机理模型，基于智能优化算法优化物理机理模型中加权聚合参数。

图 5-8 所示为探雷装备效能参数优化过程的损失迭代曲线，可以看到，随着迭代步数的增加，迭代曲线一直呈下降趋势，在第 350 步附近时，损失函数值接近于 0，此后曲线一直走平，即迭代达到收敛。

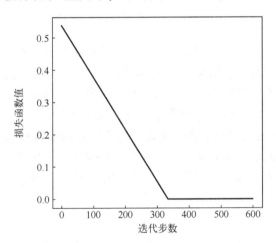

图 5-8 探雷装备效能参数迭代进化过程

对于 38 组地雷探知率、探雷虚警率样本，其参数优化结果如图 5-9 所示，地雷探知率权重为 0.819，探雷虚警率权重均为 0.780。因此，地雷探知率权重、探雷虚警率权重受地形、气象、人员素质等因素的影响相似，参数优化结果用于后续的作业能力计算。

5.1.5 结果分析与灵敏度分析

1. 结果分析

为进一步验证探雷装备效能计算物理解析模型的准确性与可靠性，本章通

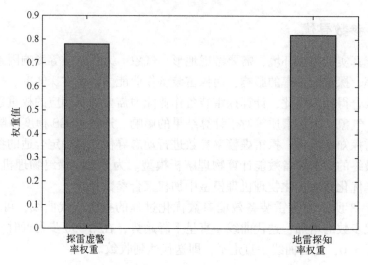

图 5-9 地雷探知率、探雷虚警率参数优化结果

过 5 组实例化计算表格完整展示了模型的计算流程与计算结果,并将模型预测值与真实值进行了对比,结果如图 5-10 所示。首先,对于给定装备类型、通路类型、通路长度、通路宽度、参与人数、昼夜、雷场类型等输入条件,加载训练好的最优机器学习模型分别预测相应的探测地雷个数 N_{dltz}、探测虚警次数 N_{tlxj};其次,将预测得到的参数以及人为决策指定的参数输入物理机理计算模型,以计算相应的地雷探知率 P_{dltz}、探雷虚警率 P_{tlxj};再次,利用 BFGS 梯度下降优化算法对地雷探知率参数 W_{dltz}、探雷虚警率参数 W_{tlxj} 进行动态寻优;最后,利用效率和参数进行加权聚合得到探雷装备效能 P_{tlzy}。

由 5 组计算实例中真实值与预测值对比可知,模型预测结果、机理计算结果与真实结果极为接近,误差很小,符合精度要求。进一步说明探雷装备效能计算物理解析模型具有较高的准确性与可靠性。

2. 灵敏度分析

灵敏度分析使用了 Sobol 灵敏度分析方法,通过计算输出参数与各项输入的一阶灵敏度,反映输入变量对于输出结果的影响。样本采样数为 2^{10},采用 L2 正则化方法,各个子模型的敏感性分析结果柱状图如图 5-11 和图 5-12 所示。

由图 5-11 可知,探测地雷个数主要受装备类型的影响,而通路宽度和参与人数对其有一定影响,其他变量对探测地雷个数几乎没有影响。由图 5-12 可知,探雷虚警次数主要受装备类型和通路宽度的影响,参与人数对其有一定影响,其余变量对探雷虚警次数几乎没有影响。

第5章 探雷装备效能计算模型

	输入条件							模型输出		权重优化结果		机理计算结果		能力值
	装备类型	通路类型	通路长度/m	通路宽度/m	参与人数	昼夜	雷场类型	N_{dltz}	N_{thsj}	W_{dltz}	W_{thsj}	P_{dltz}	P_{thsj}	P_{tlzy}
第一组														
真实值	1	1	200	10	1	0	1	57	4	0.818438	0.779486	0.300813	0.04065	0.277883
预测值	1	1	200	10	1	0	1	57	4	0.818438	0.779486	0.300813	0.04065	0.277883
第二组														
真实值	2	1	200	10	3	1	1	53	2	0.818438	0.779486	0.368564	0.070461	0.35657
预测值	2	1	200	10	3	1	1	53	2	0.818438	0.779486	0.368564	0.070461	0.35657
第三组														
真实值	0	0	200	20	1	0	0	40	7	0.818438	0.779486	0.463415	0.03252	0.404625
预测值	0	0	200	20	1	0	0	40	7	0.818438	0.779486	0.463415	0.03252	0.404625
第四组														
真实值	2	1	200	10	1	1	1	43	1	0.818438	0.779486	0.430894	0.01626	0.365335
预测值	2	1	200	10	1	1	1	43	1	0.818438	0.779486	0.430894	0.01626	0.365335
第五组														
真实值	2	0	200	20	1	1	0	31	2	0.818438	0.779486	0.325203	0.056911	0.31052
预测值	2	0	200	20	1	1	0	31	2	0.818438	0.779486	0.325203	0.056911	0.31052

图 5-10 探雷装备效能计算物理解析模型实例化计算结果

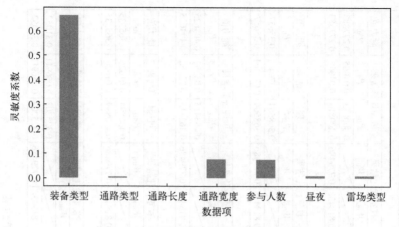

图 5-11 探测地雷个数敏感性分析结果

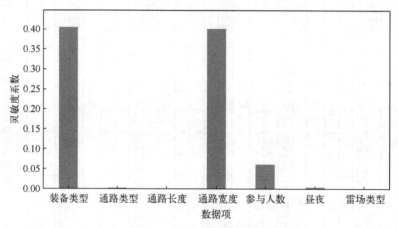

图 5-12 探雷虚警次数敏感性分析结果

5.2 探雷装备效能计算最优智能学习模型

探雷装备效能计算最优智能学习模型构建过程中,探雷装备采集数据与预处理方法与探雷装备效能计算最优物理解析模型构建过程一致。

5.2.1 智能模型训练

综合比较多项式回归模型、高斯过程回归模型、支持向量机模型、多层感知回归模型、决策树模型、随机森林模型、梯度提升回归树模型、核岭回归模型,综合比较选取确定最佳的预测分析模型。各模型参数配置如下:①PLM

模型：多项式自由度 degree=10，采用线性回归方法；②GPR 模型：常数核的参数设定为 constant=0.1，constantbounds=(10^{-3},10^{-1})，径向基核函数的尺度参数设定为 lenthscale=0.5，上下边界 lenthscalebounds=(10^{-4},10)；③SVM 模型：核函数为径向基函数（kernel="rbf"）；④MLPR 模型：学习率 lr=0.01，激活函数 activation="relu"，优化求解器 solver="adam"；⑤DTR 模型：最大树深度 max_depth=5；⑥RFR 模型：设置评判标准为均方误差，即 criterion=mse，决策树的数量设定为 n_estimators=100；⑦GBRT 模型：决策树的数量设定为 n_estimators=100，学习率设定为 learning_rate=0.1，最大树深度 max_depth=5；⑧KR 模型：影响系数为 α=1，核函数为径向基函数（kernel="rbf"），模型自由度为 degree=3。

1. 地雷探知率模型

图 5-13 所示为预测地雷探知率的各指标得分雷达图，其中各项指标都是通过无量纲化得到的（表 5-8~表 5-10），指标越接近 1 说明模型在该项指标的表现越好，因此，雷达图覆盖面积越大说明模型的综合表现越好。由图可见，PLM、GBRT、DTR 模型在除了 EVS 的各项指标上表现良好，结合模型具体得分，选择 PLM 模型（5.99 分）作为预测地雷探知率的最优模型。

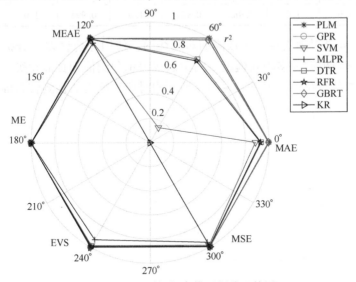

图 5-13 地雷探知率模型得分比较图

表 5-8 地雷探知率模型得分表

模型	PLM	GPR	SVM	MLPR	DTR	RFR	GBRT	KR
得分	5.99	5.98	4.98	3.84	5.72	5.69	5.98	4.0

表 5-9 地雷探知率实际打分结果

指标	PLM	GPR	SVM	MLPR	DTR	RFR	GBRT	KR
r^2	0.981	0.981	-0.000536	-7.73	0.797	0.780	0.981	-2.03
MAE	0.981	0.981	0.0	-0.167	0.797	0.780	0.981	-0.00318
MSE	0.000513	0.000513	0.0145	0.0457	0.00436	0.00654	0.000577	0.0242
EVS	0.000005	0.000005	0.000276	0.00241	0.000056	0.000061	0.000005	0.000836
ME	0.01	0.01	0.025	0.0807	0.02	0.0182	0.0100	0.0485
MEAE	0.0	0.0	0.015	0.0429	0.0	0.00637	0.000077	0.0281

表 5-10 地雷探知率归一化打分结果

指标	PLM	GPR	SVM	MLPR	DTR	RFR	GBRT	KR
r^2	1.0	0.998	0.885	0.0	0.933	0.927	0.994	0.0
EVS	1.0	0.984	0.143	0.0	0.798	0.781	0.981	0.0
MAE	1.0	1.0	0.986	0.955	0.996	0.994	1.0	1.0
MSE	1.0	1.0	1.0	0.998	1.0	1.0	1.0	1.0
ME	1.0	1.0	0.985	0.929	0.990	0.992	1.0	1.0
MEAE	1.0	1.0	0.985	0.957	1.0	0.994	1.0	1.0

图 5-14 是对地雷探知率预测的对角线图，使用综合误差打分机制选取的最优机器学习模型为多项式模型，图中黑线表示预测值和真值相等，可以看到预测值基本分布在该线附近，说明模型预测对该项能力的预测较为准确。

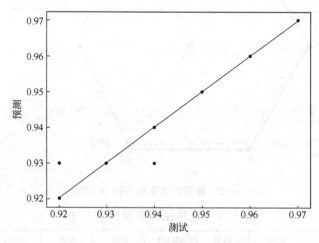

图 5-14 预测地雷探知率的对角线图

2. 探雷虚警率模型

图 5-15 所示为预测探雷虚警率的各指标得分雷达图,其中各项指标都是通过无量纲化得到的(表 5-11~表 5-13),指标越接近 1 说明模型在该项指标的表现越好,因此,雷达图覆盖面积越大说明模型的综合表现越好。结合模型打分表,选择 PLM 模型作为预测探雷虚警率的最优模型。

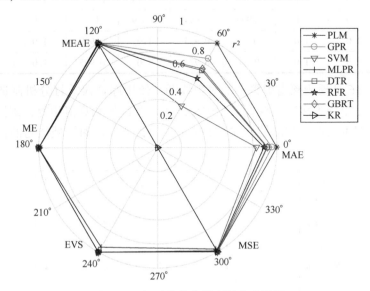

图 5-15 探雷虚警率模型得分比较图

表 5-11 探雷虚警率模型得分表

模型	PLM	GPR	SVM	MLPR	DTR	RFR	GBRT	KR
得分	5.99	5.81	5.21	3.90	5.66	5.54	5.67	4.0

表 5-12 探雷虚警率实际打分结果

指标	PLM	GPR	SVM	MLPR	DTR	RFR	GBRT	KR
r^2	0.753	0.753	-0.000325	-4.83	0.740	0.661	0.753	-2.13
MAE	0.753	0.753	0.0	-0.663	0.740	0.661	0.753	-0.000175
MSE	0.00333	0.00333	0.0121	0.0294	0.00387	0.00631	0.00334	0.0207
EVS	0.00005	0.00005	0.000203	0.00118	0.000053	0.000069	0.00005	0.000633
ME	0.02	0.02	0.02	0.0664	0.02	0.0205	0.02	0.0410
MEAE	0.0	0.0	0.01	0.0263	0.0	0.00465	0.000013	0.0210

表 5-13 探雷虚警率归一化打分结果

指标	PLM	GPR	SVM	MLPR	DTR	RFR	GBRT	KR
r^2	0.999	0.958	0.828	0.0	0.917	0.892	0.921	0.0
EVS	0.999	0.852	0.399	0.0	0.740	0.662	0.753	0.0
MAE	1.0	1.0	0.991	0.974	0.999	0.997	1.0	1.0
MSE	1.0	1.0	0.999	0.999	0.999	1.0	1.0	1.0
ME	1.0	1.0	1.0	0.953	1.0	0.999	1.0	1.0
MEAE	1.0	1.0	0.99	0.974	1.0	0.995	1.0	1.0

图 5-16 是预测探雷虚警率的对角线图，使用综合误差打分机制选取的最优机器学习模型为多项式模型，图中黑线表示预测值和真值相等，该模型测试点较少，但可以看到预测值均在 0.81~0.85，说明模型对该项能力的预测较为准确。

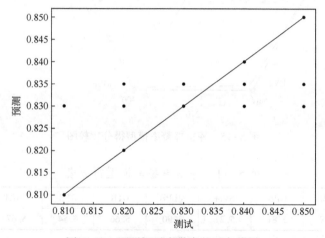

图 5-16 预测探雷虚警率的对角线图

3. 探雷作业效能计算模型

图 5-17 所示为预测探雷效能计算的各指标得分雷达图，其中各项指标都是通过无量纲化得到的（表 5-14~表 5-16），指标越接近 1 说明模型在该项指标的表现越好，因此，雷达图覆盖面积越大说明模型的综合表现越好。结合模型具体得分，选择 PLM 模型（5.89 分）作为预测探雷效能计算的最优模型。

表 5-14 探雷效能计算模型得分表

模型	PLM	GPR	SVM	MLPR	DTR	RFR	GBRT	KR
得分	5.89	5.47	3.78	3.72	5.28	5.27	5.47	4.0

第 5 章 探雷装备效能计算模型

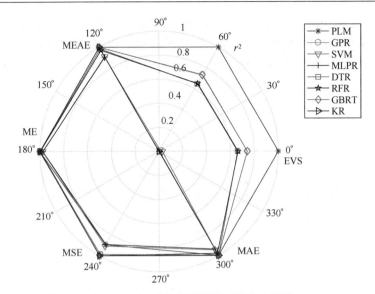

图 5-17 探雷效能计算模型得分比较图

表 5-15 探雷效能实际打分结果

指标	PLM	GPR	SVM	MLPR	DTR	RFR	GBRT	KR
r^2	0.732	0.732	-0.0120	-0.0384	0.647	0.651	0.732	-0.0409
MAE	0.732	0.732	0.00205	-0.0139	0.647	0.651	0.732	0.000635
MSE	0.0579	0.0579	0.144	0.146	0.0717	0.0851	0.0580	0.146
EVS	0.00813	0.00813	0.0307	0.0315	0.0107	0.0106	0.00813	0.0316
ME	0.24	0.24	0.301	0.312	0.240	0.231	0.240	0.315
MEAE	0.05	0.05	0.100	0.108	0.05	0.0688	0.0500	0.115

表 5-16 探雷效能归一化打分结果

指标	PLM	GPR	SVM	MLPR	DTR	RFR	GBRT	KR
r^2	1.0	0.743	0.0278	0.00243	0.661	0.665	0.743	0.0
EVS	1.0	0.736	0.0157	0.0	0.647	0.651	0.732	0.000635
MAE	1.0	1.0	0.909	0.907	0.985	0.971	1.0	1.0
MSE	1.0	1.0	0.977	0.976	0.997	0.998	1.0	1.0
ME	0.895	0.987	0.908	0.893	0.988	1.0	1.0	1.0
MEAE	0.999	0.999	0.947	0.939	1.0	0.980	1.0	1.0

图 5-18 是预测探雷效能的对角线图，使用综合误差打分机制选取的最优机器学习模型为随机森林回归模型，图中黑线表示预测值和真值相等，可以看到预测值均在对角线附近，部分点偏差较大，模型对该项能力的预测较为一般。

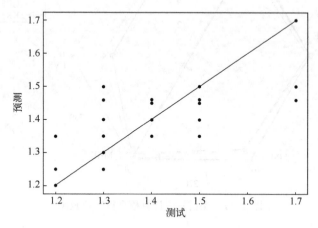

图 5-18 预测探雷效能的对角线图

5.2.2 结果分析与灵敏度分析

1. 结果分析

为进一步验证探雷装备效能计算智能学习模型的准确性与可靠性，本章通过 5 组实例化计算表格完整展示了模型的计算流程与计算结果，并将模型预测值与真实值进行了对比，结果如图 5-19 所示。对于给定装备类型、通路类型、通路长度、通路宽度、参与人数、昼夜、雷场类型等输入条件，加载训练好的最优机器学习模型分别预测相应的地雷探知率 P_{dltz}、探雷虚警率 P_{tlxj}、探雷装备效能 P_{tlzy}。

由 5 组计算实例中真实值与预测值对比可知，模型预测结果、机理计算结果与真实结果极为接近，误差很小，符合精度要求。进一步说明探雷装备效能计算智能学习模型具有较高的准确性与可靠性。

2. 灵敏度分析

灵敏度分析使用了 Sobol 灵敏度分析方法，通过计算输出参数与各项输入的一阶灵敏度，反映输入变量对于输出结果的影响。样本采样数为 2^{10}，采用 L2 正则化方法，各个子模型的敏感性分析结果柱状图如图 5-20~图 5-22 所示。

第 5 章 探雷装备效能计算模型

第一组										
	输入条件							模型预测结果		能力值
	装备类型	通路类型	通路长度/m	通路宽度/m	参与人数	昼夜	雷场类型	P_{dltz}	P_{tlxj}	P_{tlzy}
真实值	1	1	200	10	1	0	1	0.3008	0.0407	0.2779
预测值	1	1	200	10	1	0	1	0.3008	0.0407	0.2779
第二组										
	输入条件							模型预测结果		能力值
	装备类型	通路类型	通路长度/m	通路宽度/m	参与人数	昼夜	雷场类型	P_{dltz}	P_{tlxj}	P_{tlzy}
真实值	2	1	200	10	3	1	1	0.3686	0.0705	0.3566
预测值	2	1	200	10	3	1	1	0.3686	0.0705	0.3566
第三组										
	输入条件							模型预测结果		能力值
	装备类型	通路类型	通路长度/m	通路宽度/m	参与人数	昼夜	雷场类型	P_{dltz}	P_{tlxj}	P_{tlzy}
真实值	0	0	200	20	1	0	0	0.4634	0.0325	0.4046
预测值	0	0	200	20	1	0	0	0.4634	0.0325	0.4046
第四组										
	输入条件							模型预测结果		能力值
	装备类型	通路类型	通路长度/m	通路宽度/m	参与人数	昼夜	雷场类型	P_{dltz}	P_{tlxj}	P_{tlzy}
真实值	2	1	200	10	1	0	1	0.4309	0.0163	0.3653
预测值	2	1	200	10	1	0	1	0.4309	0.0163	0.3653
第五组										
	输入条件							模型预测结果		能力值
	装备类型	通路类型	通路长度/m	通路宽度/m	参与人数	昼夜	雷场类型	P_{dltz}	P_{tlxj}	P_{tlzy}
真实值	2	0	200	20	1	1	0	0.3252	0.0569	0.3105
预测值	2	0	200	20	1	1	0	0.3252	0.0569	0.3105

图 5-19　探雷装备效能计算智能学习模型实例化计算结果

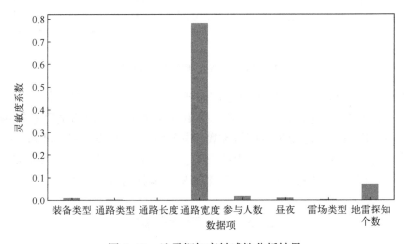

图 5-20　地雷探知率敏感性分析结果

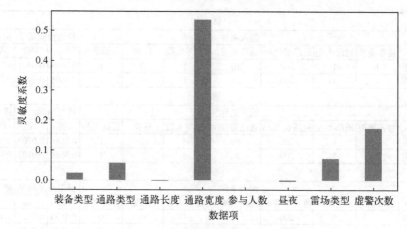

图 5-21 探雷虚警率敏感性分析结果

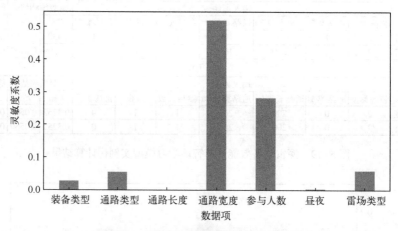

图 5-22 探雷装备效能敏感性分析结果

由图 5-20 可知，通路宽度对地雷探知率产生了主要影响，其他变量对地雷探知率影响不大。由图 5-21 可知，探雷虚警率主要受通路宽度和探测到的虚警次数的影响，其他变量对探雷虚警率影响不大。由图 5-22 可知，探雷装备效能主要受通路宽度和参与人数的影响，雷场类型、通路类型以及装备类型对其有一定程度的影响，其他变量对探雷装备作业能力影响不大。

5.3 模型校验

将基于智能优化的探雷装备效能计算物理解析模型结果与基于数据驱动的探雷装备效能计算智能学习模型结果相互验证，以达到模型校验的目的。5 组实例化计算对比结果如图 5-23 所示，探雷装备作业能力输出指标包括探雷虚警率 P_{tlxj}、地雷探知率 P_{dltz}、探雷装备效能 P_{tlzy}。

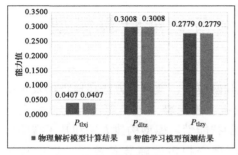

(a) 第一组对比结果

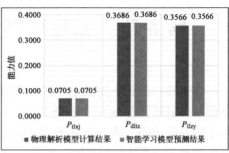

(b) 第二组对比结果

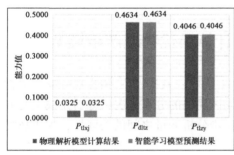

(c) 第三组对比结果

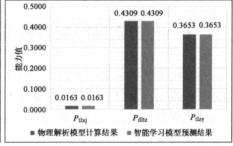

(d) 第四组对比结果

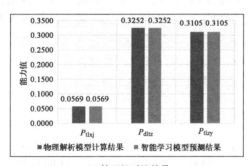

(e) 第五组对比结果

图 5-23 探雷装备效能计算物理解析与智能学习模型计算结果对比

由图 5-23 可知，探雷装备效能计算物理解析模型计算结果与智能学习模型预测结果极为接近，符合精度要求。模型验证结果说明物理解析模型与智能预测模型具有较高的准确性与可靠性，可以进行相互验证。

第6章 扫雷破障装备效能计算模型

扫雷破障装备主要通过爆破、机械和磁模拟、微波等方法在地雷场及筑城障碍场中破坏清除地雷、轨条砦、三角锥、阻绝壕（墙）等障碍物，为人员和车辆开辟通路。本章从基于数据驱动的智能学习模型构建方法和基于智能优化的物理解析模型构建方法入手，分析确定扫雷破障装备效能计算的最优模型。

6.1 扫雷破障装备效能计算最优物理解析模型

扫雷破障装备采集数据情况如图 6-1 所示。其中，对角线上是每个变量的分布曲线图，可以看到各个变量在不同区间内的分布情况；非对角线上是变量两两之间的相关性回归分析图，可以初步分析变量之间的关联性，如雷场类型和通路宽度。

基于智能优化的解析模型主要由三部分功能组成：针对扫雷破障小样本数据训练智能模型用于预测物理机理计算公式中需要的输入参数；根据提供的扫雷破障数据利用智能优化算法动态寻优得到输入与输出之间的修正系数；将智能模型和优化算法得到的输入参数与修正系数输入物理机理公式中计算最终的各项效能指标。其模型计算流程如图 6-2 所示。

6.1.1 数据预处理

经过对输入的数据进行分析，因为数据体量较小且数据本身包含的噪声很少，该场景下的数据无须降维和去噪处理，仅需开展数据清洗和归一化处理，数据清洗的结果如图 6-3 所示，归一化操作在模型训练部分完成。

以某次扫雷破障作业为例，扫雷破障数据集为战士手动记录的数据集，共包含通路类型、装备类型、通路长度、通路宽度、雷场类型、参与人数、昼夜和合格通路长度 8 组变量，每组包含 48 条可用数据（图 6-3 中展示了其中 5 组）。为了测试本章所提的数据预处理方法的可行性，特意将数据分为空缺组和对照组，对照组数据不作任何处理，空缺组则将其中第 8 条、第 19 条、第 29 条、第 38 条和第 48 条数据剔除，模拟数据缺失的情形。之后将空缺组送

第 6 章　扫雷破障装备效能计算模型

入数据填补模块进行处理，填补结果如表 6-1 所列。

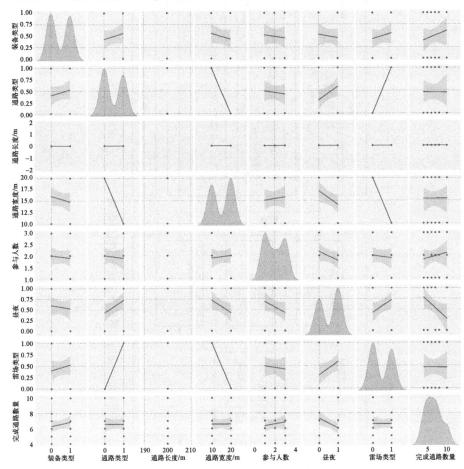

图 6-1　扫雷破障装备采集数据情况

表 6-1　扫雷破障数据统计量

参数	数据项							
	装备类型	通路类型	通路长度/m	通路宽度/m	参与人数	昼夜	雷场类型	合格通路长度/m
平均数	0	0	200	15	1	0	0	136
中位数	0.0	0.0	200.0	20.0	2.0	1.0	0.0	165.0
众数	0	0	200	20	1	1	0	74
最大值	1	1	200	20	3	1	1	200.0
最小值	0	0	200	10	1	0	0	27.5
标准差	0.5	0.5	0.0	4.99	0.88	0.5	0.5	60.34

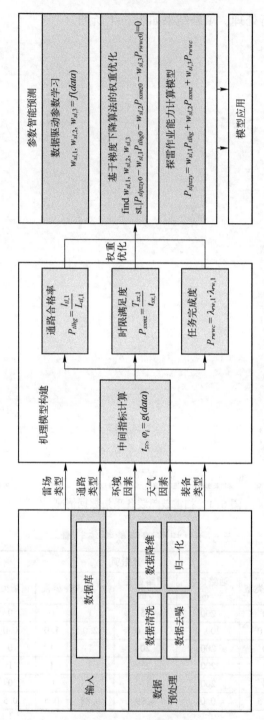

图 6-2 基于智能优化的扫雷破障模型解析模型框架

第6章 扫雷破障装备效能计算模型

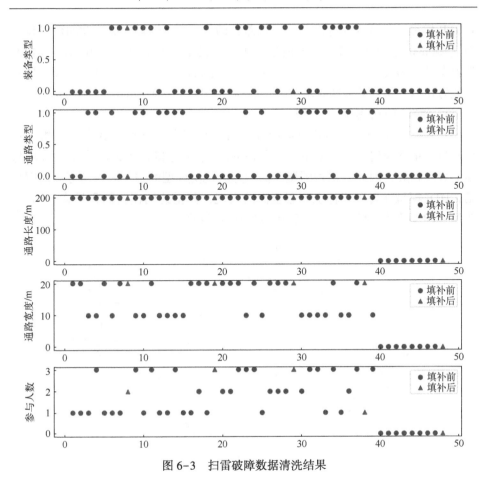

图 6-3 扫雷破障数据清洗结果

6.1.2 智能优化

在获取的数据清洗结果基础上，采用数据量化打分机制，综合比较多项式回归模型、高斯过程回归模型、支持向量机模型、多层感知回归模型、决策树模型、随机森林模型、梯度提升回归树模型、核岭回归模型，综合比较选取确定最佳的预测模型。各模型参数配置如下：①PLM 模型：多项式自由度 degree=10，采用线性回归方法；②GPR 模型：常数核的参数设定为 constant=0.1，constantbounds=$(10^{-3},10^{-1})$，径向基核函数的尺度参数设定为 lenthscale=0.5，上下边界 lenthscalebounds=$(10^{-4},10)$；③SVM 模型：核函数为径向基函数（kernel="rbf"）；④MLPR 模型：学习率 lr=0.01，激活函数 activation="relu"，优化求解器 solver="adam"；⑤DTR 模型：最大树深度 max_depth=5；

⑥RFR 模型：设置评判标准为均方误差，即 criterion=mse，决策树的数量设定为 n_estimators=100；⑦GBRT 模型：决策树的数量设定为 n_estimators=100，学习率设定为 learning_rate=0.1，最大树深度 max_depth=5；⑧KR 模型：影响系数为 $\alpha=1$，核函数为径向基函数（kernel="rbf"），模型自由度为 degree=3。

1. 通路克服所需时间模型

图 6-4 所示为预测通路克服时间的各指标得分雷达图，其中各项指标都是通过无量纲化得到的（表 6-2~表 6-4），指标越接近 1 说明模型在该项指标的表现越好，因此，雷达图覆盖面积越大说明模型的综合表现越好。由图可见，DTR 模型在各项指标上有着全面的表现，其雷达图覆盖面积最大，因此，选择 DTR 模型作为预测通路克服时间的最优模型。

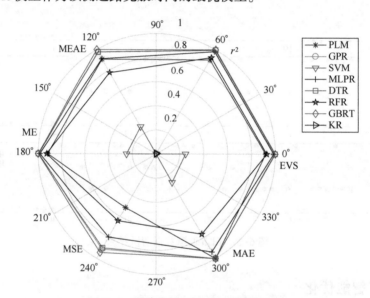

图 6-4　通路克服所需时间模型得分图

表 6-2　通路克服所需时间模型得分表

模型	PLM	GPR	SVM	MLPR	DTR	RFR	GBRT	KR
得分	5.16	5.87	1.03	5.60	5.87	4.97	5.94	0.0075

表 6-3　通路克服所需时间实际打分结果

指标	PLM	GPR	SVM	MLPR	DTR	RFR	GBRT	KR
r^2	0.892	0.992	0.00263	0.981	0.996	0.903	0.999	−0.327
EVS	0.903	0.993	0.00304	0.982	0.996	0.925	0.999	0.00752

第 6 章 扫雷破障装备效能计算模型

续表

指标	PLM	GPR	SVM	MLPR	DTR	RFR	GBRT	KR
MAE	1.07	0.361	7.88	1.02	0.337	2.42	0.105	10.6
MSE	10.8	0.792	99.4	1.91	0.356	9.63	0.0808	132
ME	11.3	2.41	22.2	3.38	1.66	5.97	0.927	16.6
MEAE	0.0	0.0	8.00	0.693	0.0	2.56	0.000293	11.0

表 6-4 通路克服所需时间归一化打分结果

指标	PLM	GPR	SVM	MLPR	DTR	RFR	GBRT	KR
r^2	0.919	0.995	0.248	0.986	0.998	0.928	1.0	0.0
EVS	0.903	0.994	0.0	0.982	0.997	0.925	1.0	0.00752
MAE	0.909	0.976	0.263	0.913	0.978	0.780	1.0	0.0
MSE	0.919	0.995	0.248	0.986	0.998	0.928	1.0	0.0
ME	0.513	0.912	0.0	0.797	0.900	0.640	0.944	0.0
MEAE	1.0	1.0	0.271	0.937	1.0	0.767	1.0	0.0

2. 合格通路长度模型

图 6-5 所示为预测合格通路长度的各指标得分雷达图，其中各项指标都是通过无量纲化得到的（表 6-5~表 6-7），指标越接近 1 说明模型在该项指标

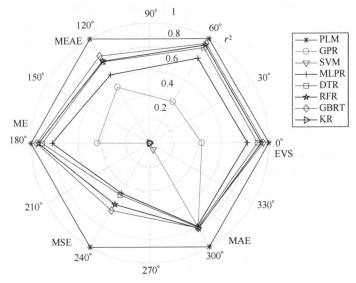

图 6-5 合格通路长度模型得分图

的表现越好,因此,雷达图覆盖面积越大说明模型的综合表现越好。由图可见,PLM 模型在各项指标上有着全面的表现,且其雷达图覆盖面积最大,因此,选择 PLM 模型作为预测通路克服时间的最优模型。

表 6-5 合格通路长度模型得分表

模型	PLM	GPR	SVM	MLPR	DTR	RFR	GBRT	KR
得分	6.0	2.62	0.062	4.39	4.81	5.01	5.16	0.00045

表 6-6 合格通路长度实际打分结果

指标	PLM	GPR	SVM	MLPR	DTR	RFR	GBRT	KR
r^2	0.963	0.201	-0.423	0.810	0.900	0.933	0.951	-0.047
EVS	0.969	0.394	0.000052	0.813	0.913	0.939	0.954	0.000446
MAE	8.75	30.6	65.2	21.5	13.7	13.3	10.2	62.6
MSE	159	3398	6055	808	424	287	210	4454
ME	33.4	184	138	56.8	55.0	45.8	38.8	109
MEAE	7.65	12.5	58.7	12.5	11.8	11.3	11.5	62.6

表 6-7 合格通路长度归一化打分结果

指标	PLM	GPR	SVM	MLPR	DTR	RFR	GBRT	KR
r^2	1.0	0.439	0.0	0.819	0.905	0.936	0.953	0.0
EVS	1.0	0.394	0.0	0.813	0.913	0.939	0.954	0.000446
MAE	1.0	0.539	0.0	0.657	0.781	0.787	0.837	0.0
MSE	1.0	0.439	0.0	0.819	0.905	0.936	0.953	0.0
ME	1.0	0.0	0.480	0.497	0.588	0.646	0.0	
MEAE	1.0	0.813	0.0618	0.801	0.812	0.821	0.818	0.0

3. 完成通路数量模型

图 6-6 所示为预测完成通路数量的各指标得分雷达图,其中各项指标都是通过无量纲化得到的(表 6-8~表 6-10),指标越接近 1 说明模型在该项指标的表现越好,因此,雷达图覆盖面积越大说明模型的综合表现越好。由图可见,各模型对该项能力的预测普遍较差,但是相较于其他模型,SVM 模型在各项指标表现突出,且其雷达图覆盖面积最大,因此,选择 SVM 模型作为预测完成通路数量的最优模型。

表 6-8 完成通路数量模型得分表

模型	PLM	GPR	SVM	MLPR	DTR	RFR	GBRT	KR
得分	0.057	0.0	2.98	1.86	0.0072	0.79	0.0	0.0

第6章 扫雷破障装备效能计算模型

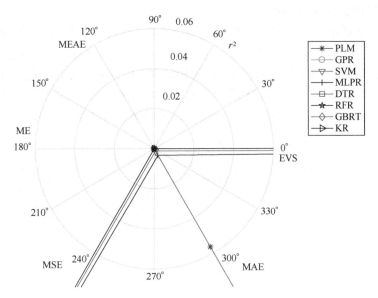

图 6-6 完成通路数量模型得分图

表 6-9 完成通路数量实际打分结果

指标	PLM	GPR	SVM	MLPR	DTR	RFR	GBRT	KR
r^2	-3.31×10^{11}	-3.75	-0.0104	-0.00490	-0.715	-0.400	-0.714	-0.0886
EVS	-3.28×10^{11}	-2.54	-0.00329	0.0267	-0.617	-0.393	-0.617	-0.000901
MAE	421904	2.81	1.40	1.31	1.64	1.42	1.64	1.29
MSE	9.45×10^{11}	13.6	2.88	2.87	4.89	3.99	4.89	3.11
ME	3052004	7.00	3.11	3.52	6.00	5.13	6.00	3.75
MEAE	1.79	1.83	1.01	1.00	1.00	1.01	1.00	1.00

表 6-10 完成通路数量归一化打分结果

指标	PLM	GPR	SVM	MLPR	DTR	RFR	GBRT	KR
r^2	0.0	0.0	0.985	0.417	0.0	0.185	0.0	0.0
EVS	0.0	0.0	0.953	0.410	0.0	0.143	0.0	0.0
MAE	0.0	0.0	0.145	0.202	0.0	0.131	0.0	0.0
MSE	0.0	0.0	0.411	0.414	0.0	0.184	0.0	0.0
ME	0.0	0.0	0.481	0.414	0.0	0.146	0.0	0.0
MEAE	0.0566	0.0	0.00128	0.00378	000721	0.0	0.0	0.0

4. 完成通路长度模型

图 6-7 所示为预测完成通路长度的各指标得分雷达图，其中各项指标都是通过无量纲化得到的（表 6-11~表 6-13），指标越接近 1 说明模型在该项指标的表现越好，因此，雷达图覆盖面积越大说明模型的综合表现越好。由图可见，相较于其他模型，PLM 模型在各项指标上有着全面的表现，且其雷达图覆盖面积最大，因此，选择 PLM 模型作为预测完成通路长度的最优模型。

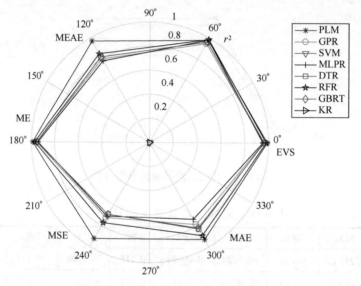

图 6-7 完成通路长度模型得分图

表 6-11 完成通路长度模型得分表

模型	PLM	GPR	SVM	MLPR	DTR	RFR	GBRT	KR
得分	5.78	5.17	0.0026	5.10	5.21	5.45	5.21	0.00050

表 6-12 完成通路长度实际打分结果

指标	PLM	GPR	SVM	MLPR	DTR	RFR	GBRT	KR
r^2	0.952	0.931	−0.464	0.939	0.947	0.968	0.951	−0.0557
EVS	0.953	0.932	0.000064	0.964	0.948	0.971	0.952	0.000495
MAE	11.0	13.2	61.9	13.6	11.3	9.38	11.3	61.9
MSE	190	276	5829	244	212	126	196	4204
ME	27.5	33.0	117	26.0	27.5	20.2	27.5	89.0
MEAE	10.0	13.2	58.2	15.4	10.0	6.32	10.5	58.4

第 6 章 扫雷破障装备效能计算模型

表 6-13 完成通路长度归一化打分结果

指标	PLM	GPR	SVM	MLPR	DTR	RFR	GBRT	KR
r^2	0.989	0.960	0.0	0.952	0.960	0.980	0.963	0.0
EVS	0.981	0.949	0.0	0.983	0.965	0.988	0.964	0.000501
MAE	0.969	0.799	0.0	0.780	0.817	0.848	0.818	0.0
MSE	0.989	0.953	0.0	0.942	0.950	0.970	0.953	0.0
ME	0.924	0.724	0.0	0.708	0.691	0.773	0.691	0.0
MEAE	0.929	0.786	0.00263	0.736	0.829	0.892	0.820	0.0

6.1.3 物理计算

由扫雷破障装备计算公式可知，任务完成度由实际完成通路长度 L_{tlgs}、上级规定开辟通路长度等参数决定；时限满足度由通路克服实际时间 T_{tlsx}、通路开辟任务时限等参数决定；通路合格率由合格通路长度 L_{tlhg}、通路实际长度等参数决定。其中，实际完成通路长度 L_{tlgs}、通路克服实际时间 T_{tlsx}、合格通路长度 L_{tlhg} 在给定装备类型、通路类型、通路长度、通路宽度、参与人数、昼夜、雷场类型等输入条件时可由训练好的最优机器学习模型预测得出，其预测结果如图 6-8 所示；其余参数可通过作战指挥官人为决策指定。

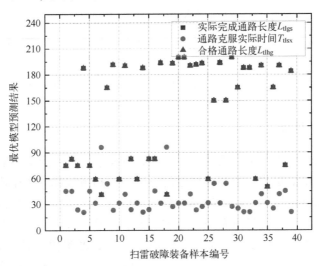

图 6-8 实际完成通路长度、通路克服实际时间、合格通路长度预测结果

通过计算 38 组任务完成度、时限满足度、通路合格率样本以验证物理机理计算模块的合理性与准确性。计算结果如图 6-9 所示，任务完成度计算结

果在 0.25~1.75 之间波动；时限满足度计算结果在 0.1~0.8 之间波动；通路合格率计算结果在 0.25~1.75 之间波动。在人为决策指定的参数确定时，实际完成通路长度 L_{tlgs} 越长，任务完成度越高；通路克服实际时间 T_{tlsx} 越短，时限满足度越高；合格通路长度 L_{tlgs} 越长，通路合格率越高。因此，物理机理计算模块可以正确输出结果，计算结果具有合理性，可供参考。

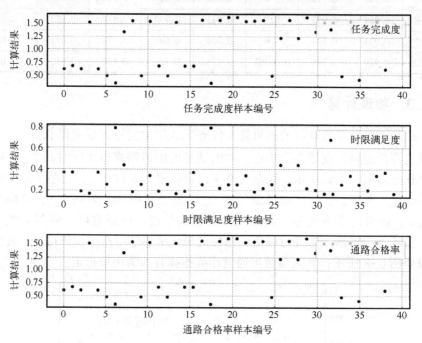

图 6-9 任务完成度、时限满足度、通路合格率样本计算结果

6.1.4 参数寻优

对于真实的作战环境，需要考虑地形、气象、人员素质等影响因素对于任务完成度、时限满足度、通路合格率的影响，而扫雷破障装备作业能力由任务完成度、时限满足度、通路合格率加权聚合得到。因此，计算扫雷破障装备作业能力需要确定相应的权重系数以考虑地形、气象、人员素质等对于计算结果的影响。通过 BFGS 梯度下降优化算法对任务完成度参数、时限满足度参数、通路合格率参数进行动态寻优，以确定合适的参数，进而确定最终的扫雷破障装备效能计算物理解析模型，如图 6-10 所示。

图 6-11 所示为扫雷破障装备效能参数优化过程的损失迭代曲线，可以看到，随着迭代步数的增加，迭代曲线一直呈下降趋势，在第 850 步附近时，损

第 6 章 扫雷破障装备效能计算模型

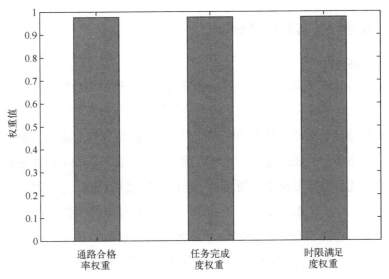

图 6-10 任务完成度、时限满足度、通路合格率参数优化结果

失函数值接近于 0，此后曲线一直走平，即迭代达到收敛。由扫雷破障装备效能各项参数随迭代步数的变化曲线，可以看到，各项参数均随迭代步数增加而增加，在第 850 步附近时，各项参数迭代收敛。得到通路合格率、任务完成度、时限满足度的参数均为 0.976。

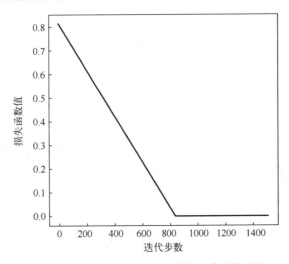

图 6-11 扫雷破障装备效能参数迭代进化流程

6.1.5 结果分析与灵敏度分析

1. 结果分析

为进一步验证扫雷破障装备效能计算物理解析模型的准确性与可靠性，通过5组实例化计算表格完整展示了模型的计算流程与计算结果，并将模型预测值与真实值进行了对比，结果如图6-12所示。首先，对于给定装备类型、通路类型、通路长度、通路宽度、参与人数、昼夜、雷场类型等输入条件，加载训练好的最优机器学习模型分别预测相应的合格通路长度 L_{tlhg}、通路克服实际时间 T_{tlsx}、实际完成通路长度 L_{tlgs}；其次，将预测得到的参数以及人为决策指定的参数输入物理机理计算模型以计算相应的通路合格率 P_{tlhg}、任务完成度 P_{tlrw}、时限满足度 P_{tlsx}；再次，利用BFGS梯度下降优化算法对通路合格率参数 W_{tlhg}、任务完成度参数 W_{tlrw}、时限满足度参数 W_{tlsx} 进行动态寻优；最后，利用效率和参数进行加权聚合得到扫雷破障装备效能 P_{slzy}。

由5组计算实例中真实值与预测值对比可知，模型预测结果、机理计算结果与真实结果极为接近，误差很小，符合精度要求。进一步说明动扫雷破障装备效能计算物理解析模型具有较高的准确性与可靠性。

2. 灵敏度分析

灵敏度分析使用了Sobol灵敏度分析方法，通过计算输出参数与各项输入的一阶灵敏度，反映输入变量对于输出结果的影响。样本采样数为 2^{10}，采用L2正则化方法，各个子模型的敏感性分析结果柱状图如图6-13~图6-16所示。

由图6-13可知，通路克服时间主要受通路宽度的影响，其他因素对其几乎没有影响。由图6-14可知，合格通路长度主要受通路宽度的影响，其他因素对其几乎没有影响。由图6-15可知，完成通路数量主要受通路宽度和昼夜的影响，参与人数对完成通路数量有一定影响，其他因素对其几乎没有影响。由图6-16可知，完成通路长度主要受参与人数的影响，装备类型对其略有影响，其他变量对其没有影响。

第6章 扫雷破障装备效能计算模型

		输入条件						模型输出			权重优化结果			机理计算结果			能力值 P_{slzy}
	装备类型	通路类型	通路长度/m	通路宽度/m	参与人数	昼夜	雷场类型	L_{tlhg}/m	T_{tisx}/s	L_{tlgs}/m	W_{tlhg}	W_{tfw}	W_{tisx}	P_{tlhg}	P_{tfw}	P_{tisx}	
第一组																	
真实值	0	0	200	20	1	0	0	75	45.375		0.97618			0.609756	0.609756	0.368902	1.550578
预测值	0	0	200	20	1	0	0	75	45.375		0.97618			0.609756	0.609756	0.368902	1.550578
第二组																	
真实值	0	0	200	20	1	1	0	82.5	45.375		0.97618			0.670732	0.670732	0.368902	1.669625
预测值	0	0	200	20	1	1	0	82.5	45.375		0.97618			0.670732	0.670732	0.368902	1.669625
第三组																	
真实值	0	0	200	10	1	0	1	75	23.8625		0.97618			0.609756	0.609756	0.194004	1.379846
预测值	0	0	200	10	1	0	1	75	23.8625		0.97618			0.609756	0.609756	0.194004	1.379846
第四组																	
真实值	0	1	200	10	3	1	1	195	21.10357		0.97618			1.526423	1.526423	0.171574	3.147613
预测值	0	1	200	10	3	1	1	195	21.10357		0.97618			1.526423	1.526423	0.171574	3.147613
第五组																	
真实值	0	0	200	20	1	0	0	75	45.375		0.97618			0.609756	0.609756	0.368902	1.550578
预测值	0	0	200	20	1	0	0	75	45.375		0.97618			0.609756	0.609756	0.368902	1.550578

图 6-12 扫雷破障装备效能计算物理解析模型实例化计算结果

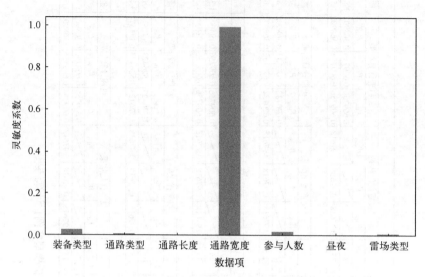

图 6-13 通路克服时间敏感性分析结果

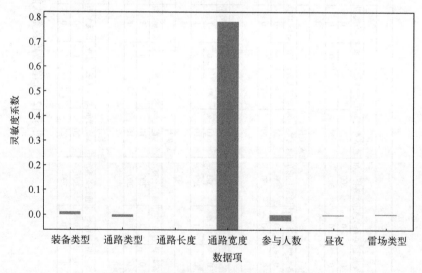

图 6-14 合格通路长度敏感性分析结果

第 6 章　扫雷破障装备效能计算模型

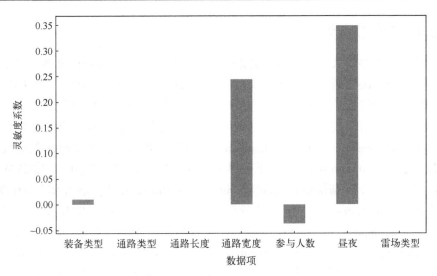

图 6-15　完成通路数量敏感性分析结果

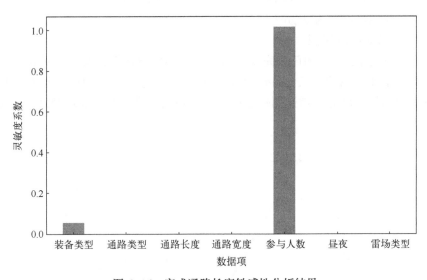

图 6-16　完成通路长度敏感性分析结果

6.2　扫雷破障装备效能计算最优智能学习模型

扫雷破障装备效能计算最优智能学习模型构建过程中，扫雷破障装备采集数据与预处理方法与扫雷破障装备效能计算最优物理解析模型构建过程一致。

6.2.1　智能模型训练

综合比较多项式回归模型、高斯过程回归模型、支持向量机模型、多层感知回归模型、决策树模型、随机森林模型、梯度提升回归树模型、核岭回归模型，综合比较选取确定最佳的预测分析模型。各模型参数配置如下：①PLM模型：多项式自由度 degree=10，采用线性回归方法；②GPR模型：常数核的参数设定为 constant=0.1，constantbounds=$(10^{-3},10^{-1})$，径向基核函数的尺度参数设定为 lenthscale=0.5，上下边界 lenthscalebounds=$(10^{-4},10)$；③SVM模型：核函数为径向基函数（kernel="rbf"）；④MLPR模型：学习率 lr=0.01，激活函数 activation="relu"，优化求解器 solver="adam"；⑤DTR模型：最大树深度 max_depth=5；⑥RFR模型：设置评判标准为均方误差，即 criterion=mse，决策树的数量设定为 n_estimators=100；⑦GBRT模型：决策树的数量设定为 n_estimators=100，学习率设定为 learning_rate=0.1，最大树深度 max_depth=5；⑧KR模型：影响系数为 $\alpha=1$，核函数为径向基函数（kernel="rbf"），模型自由度为 degree=3。

1. 任务完成度模型

图 6-17 所示为预测任务完成度的各指标得分雷达图，其中各项指标都是通过无量纲化得到的（表 6-14～表 6-16），指标越接近 1 说明模型在该项指标的表现越好，因此，雷达图覆盖面积越大说明模型的综合表现越好。由图可

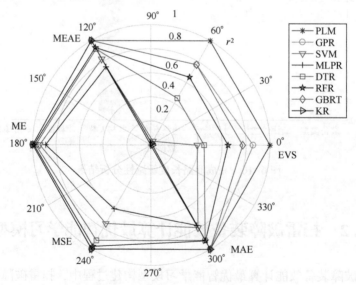

图 6-17　任务完成度模型得分图

见,相较于其他模型,SVM 和 PLM 模型在 r^2 上有突出表现,MLPR 模型在 MSE 和 ME 上有突出表现,结合模型具体得分,选择 PLM 模型作为预测任务完成度的最优模型。

表6-14 任务完成度模型得分表

模型	PLM	GPR	SVM	MLPR	DTR	RFR	GBRT	KR
得分	5.99	5.63	3.74	3.02	4.62	5.12	5.54	4.03

表6-15 任务完成度实际打分结果

指标	PLM	GPR	SVM	MLPR	DTR	RFR	GBRT	KR
r^2	0.771	0.771	0.0115	-0.623	0.449	0.650	0.771	0.0141
EVS	0.771	0.771	0.0368	0.0	0.449	0.651	0.771	0.0167
MAE	0.0663	0.0663	0.232	0.301	0.143	0.130	0.0671	0.236
MSE	0.0180	0.0180	0.0774	0.127	0.0431	0.0274	0.0180	0.0772
ME	0.413	0.413	0.557	0.640	0.462	0.429	0.414	0.449
MEAE	0.0	0.0	0.209	0.230	0.0878	0.0831	0.00183	0.243

表6-16 任务完成度归一化打分结果

指标	PLM	GPR	SVM	MLPR	DTR	RFR	GBRT	KR
r^2	1.0	0.859	0.391	0.0	0.449	0.650	0.771	0.0141
EVS	1.0	0.771	0.0368	0.0	0.449	0.651	0.771	0.0167
MAE	1.0	1.0	0.823	0.749	0.919	0.933	1.0	1.0
MSE	1.0	1.0	0.940	0.889	0.974	0.990	1.0	1.0
ME	0.999	1.0	0.755	0.613	0.917	0.974	1.0	1.0
MEAE	1.0	1.0	0.792	0.771	0.914	0.919	1.0	1.0

图 6-18 是对任务完成度预测的对角线图,使用综合误差打分机制选取的最优机器学习模型为多项式模型,图中黑线表示预测值和真值相等,可以看到大部分预测值均落在对角线上,说明模型对该项能力的预测较为准确。

2. 时限满足度模型

图 6-19 所示为预测时限满足度的各指标得分雷达图,其中各项指标都是通过无量纲化得到的(表 6-17~表 6-19),指标越接近 1 说明模型在该项指标的表现越好,因此,雷达图覆盖面积越大说明模型的综合表现越好。由图可知,各模型对该项能力的预测普遍较差,其中只有 SVM 和 PLM 模型在 EVS、r^2 和 ME 上有突出表现,结合模型具体得分,选择 PLM 模型作为预测时限满足

度的最优模型。

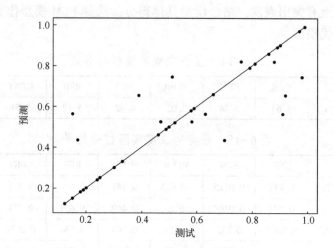

图 6-18 任务完成度预测对角线图

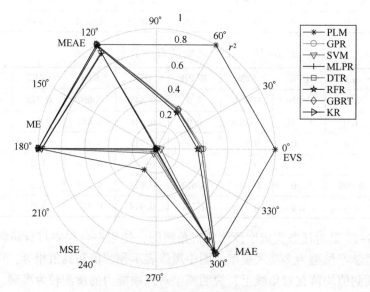

图 6-19 时限满足度模型得分图

表 6-17 时限满足度模型得分表

模型	PLM	GPR	SVM	MLPR	DTR	RFR	GBRT	KR
得分	5.20	3.80	2.86	2.74	3.74	3.65	3.76	3.00

第6章 扫雷破障装备效能计算模型

表6-18 时限满足度实际打分结果

指标	PLM	GPR	SVM	MLPR	DTR	RFR	GBRT	KR
r^2	0.378	0.378	0.0100	-0.0321	0.369	0.348	0.378	-0.00156
EVS	0.378	0.378	0.0100	-0.00105	0.369	0.349	0.378	0.00103
MAE	0.173	0.173	0.236	0.243	0.174	0.185	0.173	0.239
MSE	0.0487	0.0487	0.0791	0.0775	0.0494	0.0510	0.0487	0.0784
ME	0.460	0.460	0.447	0.466	0.460	0.463	0.460	0.436
MEAE	0.155	0.155	0.265	0.271	0.155	0.178	0.155	0.257

表6-19 时限满足度归一化打分结果

指标	PLM	GPR	SVM	MLPR	DTR	RFR	GBRT	KR
r^2	1.0	0.397	0.0408	0.0	0.380	0.349	0.379	0.0
EVS	1.0	0.378	0.0111	0.0	0.369	0.349	0.378	0.00103
MAE	1.0	1.0	0.924	0.916	0.999	0.985	1.0	1.0
MSE	1.0	1.0	0.970	0.966	0.999	0.998	1.0	1.0
ME	0.200	0.0222	0.0423	0.0	0.00720	0.0	0.0	0.0
MEAE	0.999	0.999	0.870	0.863	1.0	0.973	1.0	1.0

图6-20是对时限满足度预测的对角线图，使用综合误差打分机制选取的最优机器学习模型为多项式模型，图中黑线表示预测值和真值相等，可以看到大部分预测值均落在对角线附近，说明模型对该项能力的预测较为准确。

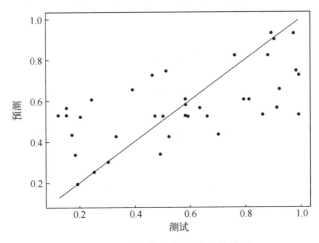

图6-20 时限满足度预测对角线图

157

3. 通路合格率模型

图 6-21 所示为预测通路合格率的各指标得分雷达图，其中各项指标都是通过无量纲化得到的（表 6-20~表 6-22），指标越接近 1 说明模型在该项指标的表现越好，因此，雷达图覆盖面积越大说明模型的综合表现越好。由图可知，各模型对该项能力的预测普遍较差，其中只有 SVM 和 PLM 模型在 EVS、r^2 和 ME 上有突出表现，结合模型具体得分，选择 PLM 模型作为预测通路合格率的最优模型。

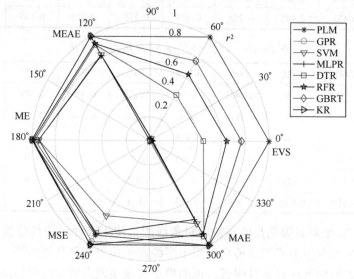

图 6-21 通路合格率模型得分图

表 6-20 通路合格率模型得分表

模型	PLM	GPR	SVM	MLPR	DTR	RFR	GBRT	KR
得分	5.91	5.51	3.30	3.46	4.58	5.10	5.54	4.01

表 6-21 通路合格率实际打分结果

指标	PLM	GPR	SVM	MLPR	DTR	RFR	GBRT	KR
r^2	0.771	0.771	0.0115	0.0232	0.449	0.645	0.771	0.0141
EVS	0.771	0.771	0.0368	0.0397	0.449	0.645	0.771	0.0167
MAE	0.0663	0.0663	0.232	0.238	0.143	0.132	0.0671	0.236
MSE	0.0180	0.0180	0.0774	0.0764	0.0431	0.0278	0.0180	0.0772
ME	0.413	0.413	0.557	0.457	0.462	0.399	0.414	0.449
MEAE	0.0	0.0	0.209	0.248	0.0878	0.106	0.00183	0.243

第6章 扫雷破障装备效能计算模型

表 6-22 通路合格率归一化打分结果

指标	PLM	GPR	SVM	MLPR	DTR	RFR	GBRT	KR
r^2	1.0	0.768	0.0	0.0232	0.449	0.645	0.771	0.0141
EVS	1.0	0.767	0.0205	0.0234	0.440	0.639	0.767	0.0
MAE	1.0	1.0	0.823	0.817	0.919	0.931	1.0	1.0
MSE	1.0	1.0	0.940	0.940	0.974	0.990	1.0	1.0
ME	0.908	0.971	0.723	0.899	0.889	1.0	1.0	1.0
MEAE	1.0	1.0	0.792	0.753	0.914	0.896	1.0	1.0

图 6-22 是对通路合格率预测的对角线图，使用综合误差打分机制选取的最优机器学习模型为多项式模型，图中黑线表示预测值和真值相等，可以看到大部分预测值均落在对角线附近，说明模型对该项能力的预测较为准确。

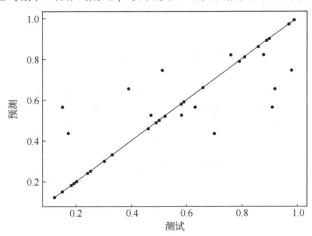

图 6-22 预测通路合格率的对角线图

4. 扫雷破障装备效能计算模型

图 6-23 所示为预测扫雷破障效能计算的各指标得分雷达图，其中各项指标都是通过无量纲化得到的（表 6-23~表 6-25），指标越接近 1 说明模型在该项指标的表现越好，因此，雷达图覆盖面积越大说明模型的综合表现越好。由图可知，GBRT 模型在各项指标上表现全面，结合模型具体得分，选择 GBRT 模型作为预测扫雷破障效能计算的最优模型。

表 6-23 扫雷破障装备效能计算模型得分表

模型	PLM	GPR	SVM	MLPR	DTR	RFR	GBRT	KR
得分	5.98	5.98	4.06	3.29	4.97	5.32	5.99	4.0

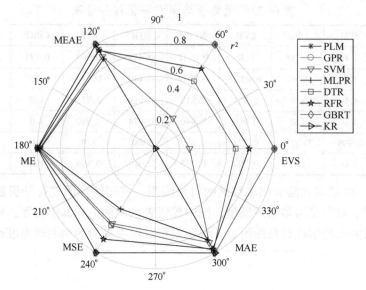

图6-23 扫雷破障装备效能计算模型得分图

表6-24 扫雷破障装备效能实际打分结果

指标	PLM	GPR	SVM	MLPR	DTR	RFR	GBRT	KR
r^2	1.0	1.0	-0.0234	-0.431	0.646	0.767	0.999	-0.0833
EVS	1.0	1.0	0.00297	-0.410	0.646	0.768	0.999	-0.000320
MAE	0.0	0.0	0.117	0.140	0.0537	0.0578	0.00121	0.120
MSE	0.0	0.0	0.0216	0.0301	0.00745	0.00490	0.000002	0.0228
ME	0.0	0.0	0.282	0.421	0.265	0.133	0.00372	0.292
MEAE	0.0	0.0	0.100	0.126	0.0248	0.0384	0.00101	0.0907

表6-25 扫雷破障装备效能归一化打分结果

指标	PLM	GPR	SVM	MLPR	DTR	RFR	GBRT	KR
r^2	1.0	1.0	0.285	0.0	0.673	0.785	0.999	0.0
EVS	1.0	1.0	0.293	0.0	0.646	0.768	0.999	0.0
MAE	1.0	1.0	0.884	0.862	0.947	0.943	1.0	1.0
MSE	1.0	1.0	0.978	0.970	0.993	0.995	1.0	1.0
ME	1.0	1.0	0.720	0.581	0.738	0.870	1.0	1.0
MEAE	1.0	1.0	0.901	0.875	0.976	0.963	1.0	1.0

第6章 扫雷破障装备效能计算模型

图6-24是对扫雷破障装备效能预测的对角线图，使用综合误差打分机制选取的最优机器学习模型为多层感知回归模型，图中黑线表示预测值和真值相等，可以看到预测值均落在对角线上，说明模型对该项能力的预测很准确。

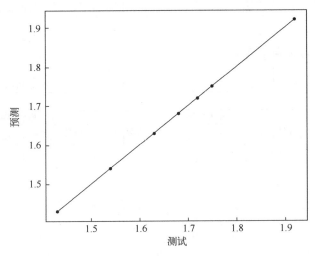

图6-24　扫雷破障装备效能预测对角线图

6.2.2　结果分析与灵敏度分析

1. 结果分析

为进一步验证扫雷破障装备作业能力分析计算智能学习模型的准确性与可靠性，本章通过5组实例化计算表格完整展示了模型的计算流程与计算结果，并将模型预测值与真实值进行了对比，结果如图6-25所示。对于给定装备类型、通路类型、通路长度、通路宽度、参与人数、昼夜、雷场类型等输入条件，加载训练好的最优机器学习模型分别预测相应的通路合格率P_{tlhg}、任务完成度P_{tlrw}、时限满足度P_{tlsx}、扫雷破障装备效能P_{slzy}。

由5组计算实例中真实值与预测值对比可知，模型预测结果、机理计算结果与真实结果极为接近，误差很小，符合精度要求。进一步说明动扫雷破障装备效能计算智能学习模型具有较高的准确性与可靠性。

2. 灵敏度分析

灵敏度分析使用了Sobol灵敏度分析方法，通过计算输出参数与各项输入的一阶灵敏度，反映输入变量对于输出结果的影响。样本采样数为2^{10}，采用L2正则化方法，各个子模型的敏感性分析结果柱状图如图6-26～图6-29所示。

	第一组									
	输入条件							模型预测结果		能力值
	装备类型	通路类型	通路长度/m	通路宽度/m	参与人数	昼夜	雷场类型	P_{tlhg}	P_{tlrw} P_{tlsx}	P_{slzy}
真实值	0	0	200	20	1	0	0	0.6098	0.6098 0.3689	1.5506
预测值	0	0	200	20	1	0	0	0.6098	0.6098 0.3689	1.5506
	第二组									
	输入条件							模型预测结果		能力值
	装备类型	通路类型	通路长度/m	通路宽度/m	参与人数	昼夜	雷场类型	P_{tlhg}	P_{tlrw} P_{tlsx}	P_{slzy}
真实值	0	0	200	20	1	1	0	0.6707	0.6707 0.3689	1.6696
预测值	0	0	200	20	1	1	0	0.6707	0.6707 0.3689	1.6696
	第三组									
	输入条件							模型预测结果		能力值
	装备类型	通路类型	通路长度/m	通路宽度/m	参与人数	昼夜	雷场类型	P_{tlhg}	P_{tlrw} P_{tlsx}	P_{slzy}
真实值	0	1	200	10	1	0	1	0.6098	0.6098 0.1940	1.3798
预测值	0	1	200	10	1	0	1	0.6098	0.6098 0.1940	1.3798
	第四组									
	输入条件							模型预测结果		能力值
	装备类型	通路类型	通路长度/m	通路宽度/m	参与人数	昼夜	雷场类型	P_{tlhg}	P_{tlrw} P_{tlsx}	P_{slzy}
真实值	0	1	200	10	3	1	1	1.5264	1.5264 0.1716	3.1476
预测值	0	1	200	10	3	1	1	1.5264	1.5264 0.1716	3.1476
	第五组									
	输入条件							模型预测结果		能力值
	装备类型	通路类型	通路长度/m	通路宽度/m	参与人数	昼夜	雷场类型	P_{tlhg}	P_{tlrw} P_{tlsx}	P_{slzy}
真实值	0	0	200	20	1	0	0	0.6098	0.6098 0.3689	1.5506
预测值	0	0	200	20	1	0	0	0.6098	0.6098 0.3689	1.5506

图 6-25 扫雷破障装备效能计算智能学习模型实例化计算结果

由图 6-26 可知，任务完成度主要受需完成通路长度的影响，参与人数和

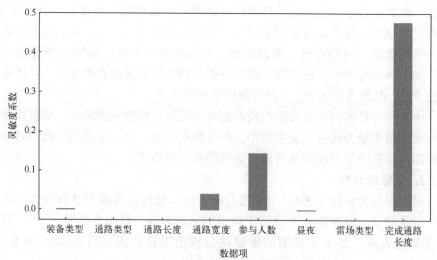

图 6-26 任务完成度敏感性分析结果

第 6 章　扫雷破障装备效能计算模型

通路宽度对其有一定影响，其他变量对其没有影响。由图 6-27 可知，时限满足度主要受通路克服时间和参与人数的影响，装备类型、通路宽度以及昼夜对其有一定影响，其他变量对其几乎没有影响。由图 6-28 可知，通路合格率主要受到雷场类型的影响，其他变量对其略有影响。由图 6-29 可知，扫雷破障装备效能主要受通路宽度的影响，其他因素对其几乎没有影响。

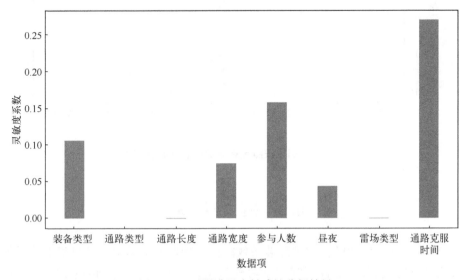

图 6-27　时限满足度敏感性分析结果

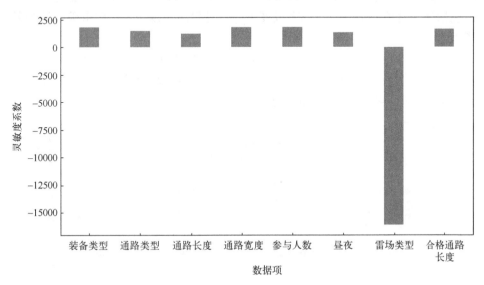

图 6-28　通路合格率敏感性分析结果

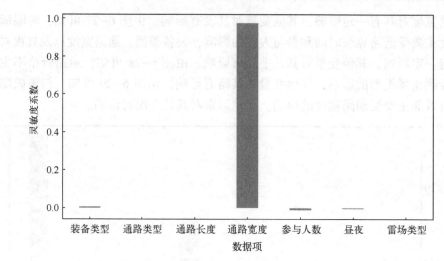

图 6-29 扫雷破障装备效能敏感性分析结果

6.3 模型校验

将基于智能优化的扫雷破障装备效能计算物理解析模型结果与基于数据驱动的扫雷破障装备效能计算智能学习模型结果相互验证以达到模型校验的目的。5 组实例化计算对比结果如图 6-30 所示,扫雷破障装备作业能力输出指标包括通路合格率 P_{tlhg}、任务完成度 P_{tlrw}、时限满足度 P_{tlsx}、扫雷破障装备效能 P_{slzy}。

由图 6-30 可知,扫雷破障装备效能计算物理解析模型计算结果与智能学习模型预测结果极为接近,符合精度要求。模型验证结果说明物理解析模型与智能预测模型具有较高的准确性与可靠性,可以进行相互验证。

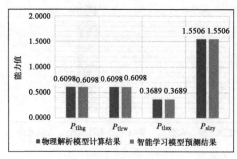

(a) 第一组对比结果

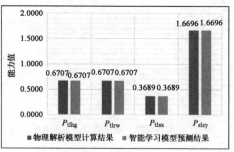

(b) 第二组对比结果

第6章 扫雷破障装备效能计算模型

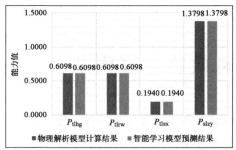

(c) 第三组对比结果

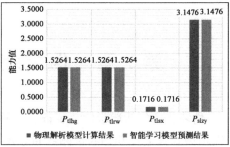

(d) 第四组对比结果

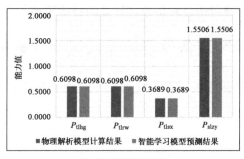

(e) 第五组对比结果

图 6-30 扫雷破障装备效能计算物理解析与智能学习模型计算结果对比

第7章 伪装装备效能计算模型

伪装装备包括迷彩伪装装备、遮障伪装装备、烟幕伪装装备、假目标装备（模拟伪装装备）和伪装检测装备，采取隐身示假手段，确保我军有效生存。本章从基于数据驱动的智能学习模型构建方法和基于智能优化的物理解析模型构建方法入手，分析确定伪装装备效能计算的最优模型。

7.1 伪装装备效能计算最优物理解析模型

伪装装备采集数据情况如图 7-1 所示。其中，对角线上的图是每个变量

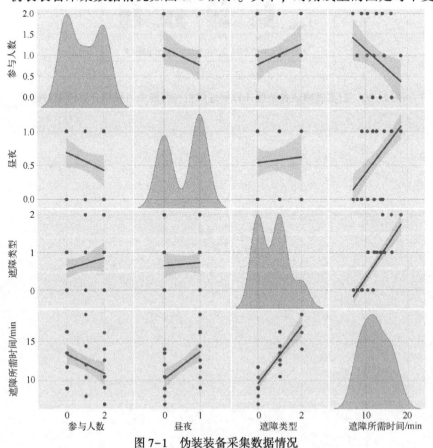

图 7-1 伪装装备采集数据情况

的分布曲线图,可以看到各个变量在不同区间内的分布情况;非对角线上是变量两两之间的相关性回归分析图,可以初步分析变量之间的关联性,例如遮障所用时间和遮障类型。

基于智能优化的解析模型主要由三部分功能组成:针对伪装装备小样本数据训练智能模型用于预测物理机理计算公式中需要的输入参数;根据提供的伪装装备数据利用智能优化算法动态寻优得到输入与输出之间的修正系数;将智能模型和优化算法得到的输入参数与修正系数输入物理机理公式中计算最终的各项效能指标。模型计算流程如图7-2所示。

7.1.1 数据预处理

经过对输入的数据进行分析,发现数据体量较小且数据本身包含的噪声很少,该场景下的数据无须降维和去噪处理,仅需开展数据清洗和归一化处理,数据清洗的结果如图7-3所示,归一化操作在模型训练部分完成。

以某次伪装作业为例,数据集为战士手动记录的数据集,伪装作业数据集为战士手动记录的数据集,共包含参与人数、昼夜、遮障类型以及遮障所需时间4组变量,每组包含48条可用数据。为了测试本章所提的数据预处理方法的可行性,特意将数据分为空缺组和对照组,对照组数据不作任何处理,空缺组则将其中第8条、第19条、第29条、第38条和第48条数据剔除,模拟数据缺失的情形。之后将空缺组送入数据填补模块进行处理,填补结果如表7-1所列。

表 7-1 伪装作业数据统计量

参　　数	数　据　项			
	参与人数	昼　夜	遮障类型	遮障所需时间/min
平均数	0	0	0	12
中位数	1.0	1.0	1.0	11.0
众数	0	1	0	16
最大值	2	1	2	18.4
最小值	0	0	0	7.0
标准差	0.88	0.5	0.69	3.19

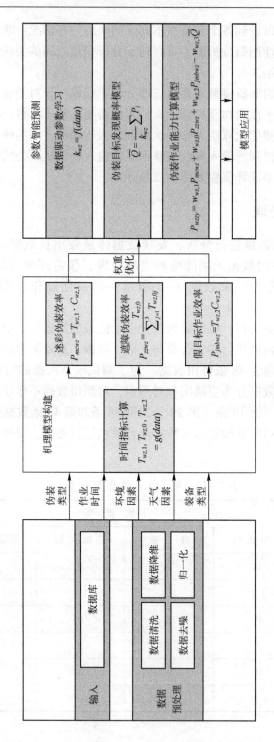

图 7-2 基于智能优化的伪装模型解析模型框架

第 7 章　伪装装备效能计算模型

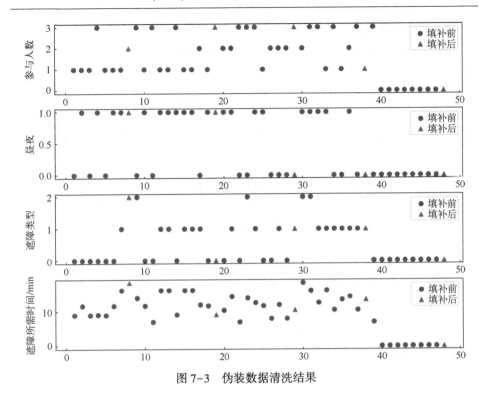

图 7-3　伪装数据清洗结果

7.1.2　智能优化

在获取的数据清洗结果基础上，采用数据量化打分机制，综合比较多项式回归模型、高斯过程回归模型、支持向量机模型、多层感知回归模型、决策树模型、随机森林模型、梯度提升回归树模型、核岭回归模型，综合比较选取确定最佳的预测模型。各模型参数配置如下：①PLM 模型：多项式自由度 degree=10，采用线性回归方法；②GPR 模型：常数核的参数设定为 constant=0.1，constantbounds=$(10^{-3}, 10^{-1})$，径向基核函数的尺度参数设定为 lenthscale=0.5，上下边界 lenthscalebounds=$(10^{-4}, 10)$；③SVM 模型：核函数为径向基函数（kernel="rbf"）；④MLPR 模型：学习率 lr=0.01，激活函数 activation="relu"，优化求解器 solver="adam"；⑤DTR 模型：最大树深度 max_depth=5；⑥RFR 模型：设置评判标准为均方误差，即 criterion=mse，决策树的数量设定为 n_estimators=100；⑦GBRT 模型：决策树的数量设定为 n_estimators=100，学习率设定为 learning_rate=0.1，最大树深度 max_depth=5；⑧KR 模型：影响系数为 $\alpha=1$，核函数为径向基函数（kernel="rbf"），模型自由度为 degree=3。

1. 假目标设置作业时间模型

图 7-4 所示为预测假目标设置作业时间的各指标得分雷达图，其中各项指标都是通过无量纲化得到的（表 7-2~表 7-4），指标越接近 1 说明模型在该项指标的表现越好，因此，雷达图覆盖面积越大说明模型的综合表现越好。由图可知，相较于其他模型，RFR 模型在各项指标上表现突出，其雷达图覆盖面积最大，因此，选择 RFR 模型作为预测假目标设置作业时间的最优模型。

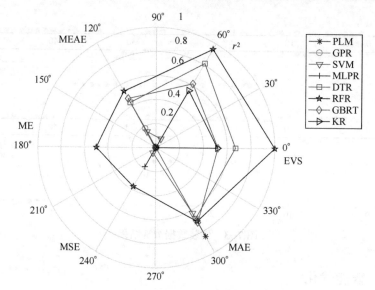

图 7-4 假目标设置作业时间模型预测结果

表 7-2 假目标设置作业时间模型得分表

模型	PLM	GPR	SVM	MLPR	DTR	RFR	GBRT	KR
得分	0.85	0.88	0.91	0.18	2.59	4.06	2.33	1.07

表 7-3 假目标设置作业时间实际打分结果

指标	PLM	GPR	SVM	MLPR	DTR	RFR	GBRT	KR
r^2	$-1.16×10^{21}$	-0.942	-4.40	-0.334	0.509	0.759	0.522	0.518
EVS	$-1.03×10^{21}$	-0.254	0.0652	0.0	0.626	0.651	0.583	0.521
MAE	$6.63×10^{11}$	48.6	50.4	59.5	21.6	0.0851	20.2	38.1
MSE	$3.74×10^{24}$	6251	4635	4294	1582	0.0106	1540	1551
ME	$6.64×10^{12}$	165	119	102	125	0.231	125	60.1
MEAE	18.4	18.5	22.8	59.5	12.5	0.0688	11.1	38.7

第 7 章 伪装装备效能计算模型

表 7-4 假目标设置作业时间归一化打分结果

指标	PLM	GPR	SVM	MLPR	DTR	RFR	GBRT	KR
r^2	0.0	0.0	0.0	0.0	0.670	1.0	0.522	0.518
EVS	0.0	0.0	0.0846	0.0	0.812	0.948	0.615	0.549
MAE	0.0	0.183	0.153	0.0	0.432	0.539	0.469	0.0
MSE	0.0	0.0	0.0	0.0	0.0	0.500	0.00704	0.0
ME	0.0	0.0	0.0498	0.184	0.0	0.374	0.0	0.0
MEAE	0.848	0.699	0.625	0.0	0.677	0.703	0.714	0.0

2. 喷涂目标所用时间模型

图 7-5 所示为预测喷涂目标所用时间的各指标得分雷达图，其中各项指标都是通过无量纲化得到的（表 7-5 ~ 表 7-7），指标越接近 1 说明模型在该项指标的表现越好，因此，雷达图覆盖面积越大说明模型的综合表现越好。相较于其他模型，PLM 模型在各项指标上表现全面，雷达图覆盖面积最大，因此，选择 PLM 模型为预测喷涂目标所用时间的最优模型。

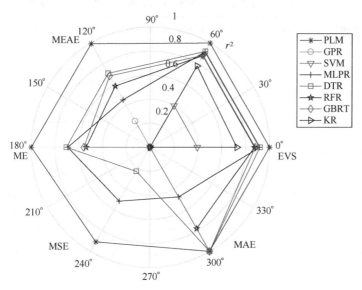

图 7-5 喷涂目标所用时间模型预测结果

表 7-5 喷涂目标所用时间模型得分表

模型	PLM	GPR	SVM	MLPR	DTR	RFR	GBRT	KR
得分	5.90	1.25	0.79	3.97	4.48	3.66	4.00	1.51

表 7-6 喷涂目标所用时间实际打分结果

指标	PLM	GPR	SVM	MLPR	DTR	RFR	GBRT	KR
r^2	0.921	-0.214	0.394	0.916	0.919	0.874	0.879	0.727
EVS	0.921	0.0180	0.399	0.916	0.920	0.879	0.882	0.780
MAE	2.25	8.16	10.5	4.13	2.20	3.12	2.39	7.59
MSE	22.7	348	174	24.1	23.2	36.1	34.6	78.1
ME	13.7	56.7	31.0	9.40	15.0	19.5	19.1	15.6
MEAE	0.0	0.0	9.51	3.52	0.0	1.48	0.000528	6.72

表 7-7 喷涂目标所用时间归一化打分结果

指标	PLM	GPR	SVM	MLPR	DTR	RFR	GBRT	KR
r^2	1.0	0.0	0.394	0.916	0.919	0.874	0.879	0.727
EVS	1.0	0.0	0.399	0.916	0.920	0.879	0.882	0.780
MAE	0.994	0.250	0.0	0.456	0.710	0.588	0.685	0.0
MSE	1.0	0.0	0.0	0.691	0.703	0.538	0.557	0.0
ME	0.909	0.0	0.517	0.230	0.0	0.0	0.0	0.0
MEAE	1.0	1.0	0.0	0.477	1.0	0.780	1.0	0.0

3. 单个判读员发现目标个数模型

图 7-6 所示为预测单个判读员发现目标个数的各指标得分雷达图，其中各项指标都是通过无量纲化得到的（表 7-8～表 7-10），指标越接近 1 说明模型在该项指标的表现越好，因此，雷达图覆盖面积越大说明模型的综合表现越好。由图可见，GPR 模型在各项指标上表现全面，其雷达图覆盖面积最大，因此，选择 GPR 模型为预测单个判读员发现目标个数所用时间的最优模型。

表 7-8 单个判读员发现目标个数模型得分表

模型	PLM	GPR	SVM	MLPR	DTR	RFR	GBRT	KR
得分	5.49	5.90	5.55	2.50	5.02	4.52	5.02	0.39

第7章 伪装装备效能计算模型

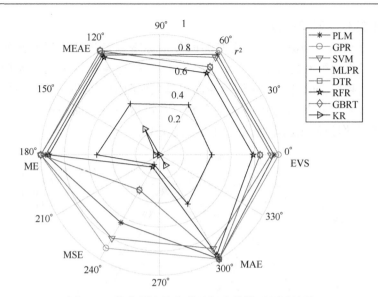

图 7-6 单个判读员发现目标个数模型预测结果

表 7-9 单个判读员发现目标个数实际打分结果

指标	PLM	GPR	SVM	MLPR	DTR	RFR	GBRT	KR
r^2	0.950	0.974	0.959	0.654	0.904	0.868	0.904	0.385
EVS	0.956	0.976	0.961	0.681	0.904	0.868	0.904	0.387
MAE	0.0942	0.0604	0.174	0.584	0.154	0.208	0.154	0.873
MSE	0.0795	0.0418	0.0652	0.553	0.154	0.211	0.154	0.983
ME	0.989	0.735	0.812	1.38	1.0	1.30	1.0	1.46
MEAE	0.0	0.0	0.100	0.529	0.0	0.04	0.0	0.947

表 7-10 单个判读员发现目标个数归一化打分结果

指标	PLM	GPR	SVM	MLPR	DTR	RFR	GBRT	KR
r^2	0.960	1.0	0.934	0.437	0.843	0.785	0.843	0.0
EVS	0.965	1.0	0.936	0.480	0.843	0.785	0.843	0.0
MAE	0.958	1.0	0.977	0.491	1.0	0.936	1.0	0.249
MSE	0.960	1.0	1.0	0.528	1.0	0.932	1.0	0.0360
ME	0.650	0.896	0.801	0.0930	0.337	0.117	0.337	0.0
MEAE	1.0	1.0	0.900	0.471	1.0	0.960	1.0	0.100

4. 遮障作业时间模型

图 7-7 所示为预测遮障所需时间的各指标得分雷达图，其中各项指标都是通过无量纲化得到的（表 7-11~表 7-13），指标越接近 1 说明模型在该项指标的表现越好，因此，雷达图覆盖面积越大说明模型的综合表现越好。由图可知，PLM 模型在各项指标上表现全面，其雷达图覆盖面积最大，因此，选择 PLM 模型作为预测遮障所需时间的最优模型。

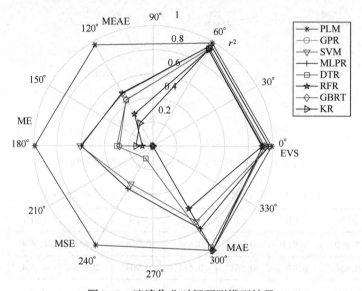

图 7-7 遮障作业时间预测模型结果

表 7-11 遮障作业时间模型得分表

模型	PLM	GPR	SVM	MLPR	DTR	RFR	GBRT	KR
得分	5.89	1.0	4.13	4.24	3.70	2.83	3.59	3.20

表 7-12 遮障作业时间实际打分结果

指标	PLM	GPR	SVM	MLPR	DTR	RFR	GBRT	KR
r^2	0.920	-2.81	0.957	0.956	0.924	0.901	0.922	0.907
EVS	0.928	-2.16	0.960	0.958	0.931	0.915	0.929	0.917
MAE	0.543	2.65	0.482	0.476	0.542	0.672	0.540	0.757
MSE	0.728	34.8	0.389	0.398	0.695	0.903	0.717	0.851
ME	1.76	14.4	1.23	1.14	1.70	1.93	1.74	1.70
MEAE	0.167	0.167	0.398	0.339	0.192	0.500	0.167	0.505

表 7-13 遮障作业时间归一化打分结果

指标	PLM	GPR	SVM	MLPR	DTR	RFR	GBRT	KR
r^2	0.990	0.0	0.967	0.966	0.933	0.910	0.931	0.916
EVS	0.990	0.0	0.970	0.968	0.941	0.925	0.939	0.926
MAE	0.969	0.0	0.502	0.509	0.441	0.307	0.443	0.219
MSE	0.990	0.0	0.607	0.598	0.298	0.0883	0.276	0.141
ME	0.953	0.0	0.364	0.411	0.120	0.0	0.0	0.0
MEAE	1.0	1.0	0.723	0.793	0.970	0.600	1.0	1.0

7.1.3 物理计算

由伪装装备作业能力计算公式可知，假目标伪装作业效率由实施假目标设置作业时间 T_{jmbwz}、假目标设置能力等参数决定；迷彩伪装作业效率由迷彩伪装作业车单位作业时间 T_{mcwz}、伪装作业车伪装作业能力等参数决定；伪装目标发现概率由发现目标的个数 N_i、判读员的总人数等参数决定；遮障伪装作业效率由遮障所需时间 T_{zzwz}、给定的作业时间等参数决定。其中，实施假目标设置作业时间 T_{jmbwz}、迷彩伪装作业车单位作业时间 T_{mcwz}、发现目标的个数 N_i、遮障所需时间 T_{zzwz}在给定喷涂装备类型、操作人员数量、参与人数、昼夜、遮障类型、假目标类型、伪装类型等输入条件时可由训练好的最优机器学习模型预测得出，其预测结果如图 7-8 所示；其余参数可通过作战指挥官人为决策指定。

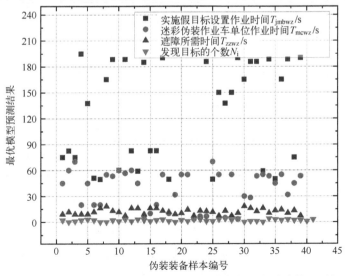

图 7-8 实施假目标设置作业时间、迷彩伪装作业车单位作业时间、
发现目标的个数、遮障所需时间预测结果

通过计算42组假目标伪装作业效率、迷彩伪装作业效率、伪装目标发现概率、遮障伪装作业效率样本以验证物理机理计算模块的合理性与准确性。计算结果如图7-9所示，假目标伪装作业效率计算结果在0~100之间波动；迷彩伪装作业效率计算结果在0~100之间波动；伪装目标发现概率计算结果在0.0150附近波动；遮障伪装作业效率计算结果在0.0150附近波动。在人为决策指定的参数确定时，实施假目标设置作业时间T_{jmbwz}越长，假目标伪装作业效率越高；迷彩伪装作业车单位作业时间T_{mcwz}越长，迷彩伪装作业效率越高；发现目标的个数N_i越少，伪装目标发现概率越低；遮障所需时间T_{zzwz}越短，遮障伪装作业效率越高。因此，物理机理计算模块可以正确输出结果，计算结果具有合理性，可供参考。

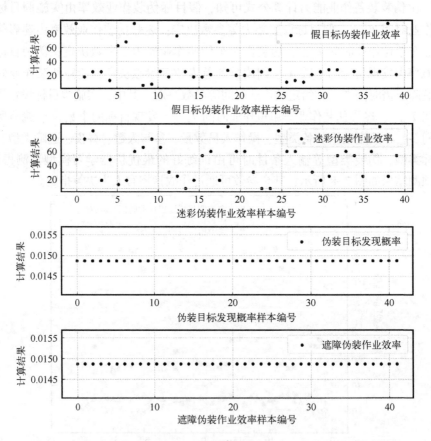

图7-9 假目标伪装作业效率、迷彩伪装作业效率、伪装目标发现概率、遮障伪装作业效率计算结果

7.1.4 参数寻优

对于真实的作战环境,需要考虑地形、气象、人员素质等影响因素对于迷彩伪装作业效率、遮障伪装作业效率、假目标伪装作业效率、伪装目标发现概率的影响,而伪装装备作业能力由迷彩伪装作业效率、遮障伪装作业效率、假目标伪装作业效率、伪装目标发现概率加权聚合得到。因此,计算伪装装备效能需要确定相应的参数以考虑地形、气象、人员素质等对于计算结果的影响。通过 BFGS 梯度下降优化算法对假目标伪装作业效率参数、迷彩伪装作业效率参数、伪装目标发现概率参数、遮障伪装作业效率参数进行动态寻优,以确定合适的参数,进而确定最终的伪装效能计算物理解析模型。为了确定最终物理机理模型,基于智能优化算法优化物理机理模型中加权聚合参数。利用智能算法构建影响因素随输入、条件参数动态变化的寻优模型,如图 7-10 所示。

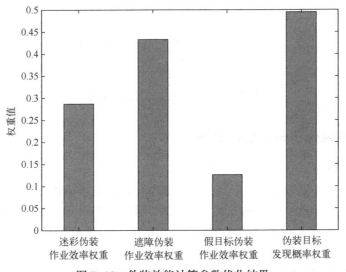

图 7-10 伪装效能计算参数优化结果

图 7-11 所示为伪装效能动态优化过程的损失迭代曲线,可以看到,随着迭代步数的增加,迭代曲线一直呈下降趋势,在第 55 步附近时,损失函数值接近 0,此后曲线一直走平,即迭代达到收敛。从伪装效能各项参数随迭代步数的变化曲线,可以看到,除了伪装目标发现概率几乎保持不变,各项参数均随迭代步数增加而减小,假目标伪装作业效率的参数降低最快,在第 55 步附近时,各项参数迭代收敛,假目标伪装作业效率的参数有轻微波动。对于 38 组假目标伪装作业效率、迷彩伪装作业效率、伪装目标发现概率、遮障伪装作

业效率样本,其参数优化结果如图7-10所示,假目标伪装作业效率的参数为0.126,遮障伪装作业效率参数为0.433,迷彩伪装作业效率参数为0.287,伪装目标发现概率参数为0.495。因此,伪装目标发现概率、遮障伪装作业效率、迷彩伪装作业效率、假目标伪装作业效率受地形、气象、人员素质等因素的影响较大,参数优化结果用于后续的效能计算。

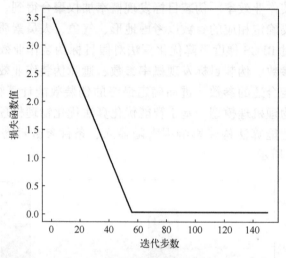

图7-11 伪装效能动态优化流程

7.1.5 结果分析与灵敏度分析

1. 结果分析

为进一步验证伪装装备效能计算物理解析模型的准确性与可靠性,本章通过5组实例化计算表格完整展示了模型的计算流程与计算结果,并将模型预测值与真实值进行了对比,结果如图7-12所示。首先,对于给定喷涂装备类型、操作人员数量、参与人数、昼夜、遮障类型、假目标类型、伪装类型等输入条件,加载训练好的最优机器学习模型分别预测相应的迷彩伪装作业车单位作业时间 T_{mcwz}、遮障所需时间 T_{zzwz}、实施假目标设置作业时间 T_{jmbwz}、发现目标的个数 N_i;其次,将预测得到的参数以及人为决策指定的参数输入物理机理计算模型以计算相应的迷彩伪装作业效率 P_{mcwz}、遮障伪装作业效率 P_{zzwz}、假目标伪装作业效率 P_{jmbwz}、伪装目标发现概率 Q;再次,利用BFGS梯度下降优化算法对迷彩伪装作业效率参数 W_{mcwz}、遮障伪装作业效率参数 W_{zzwz}、假目标伪装作业效率参数 W_{jmbwz}、伪装目标发现概率参数 W_q 进行动态寻优;最后,利用效率和参数进行加权聚合得到伪装装备效能 P_{wzzy}。

第7章 伪装装备效能计算模型

图7-12 伪装装备效能计算物理解析模型实例化计算结果

		输入条件				模型输出				权重优化结果				机理计算结果				能力值	
	喷涂装备类型	操作人员数量	参与人数	昼夜	遮障类型	假目标类型	伪装类型	T_mcwz	T_zzwz	T_jmbwz	N_f	W_mcwz	W_zzwz	W_jmbwz	W_q	P_mcwz	P_zzwz	P_jmbwz	Q	P_wzzy

第一组

真实值	1	1	1	0	0	0	1	45	9	75	2	0.28563	0.43252	0.123052	0.494955	54.99996	0.073171	95	0.0148721	1590.222
预测值	1	1	1	0	0	0	1	45	9	75	2	0.28563	0.43252	0.123052	0.494955	54.99996	0.073171	95	0.0148721	1590.222

第二组

真实值	2	1	1	1	0	0	2	60	11.7	82.5	0	0.28563	0.43252	0.123052	0.494955	79.99997	0.095122	17.5	0.0148721	2118.142
预测值	2	1	1	1	0	0	2	60	11.7	82.5	0	0.28563	0.43252	0.123052	0.494955	79.99997	0.095122	17.5	0.0148721	2118.142

第三组

真实值	2	1	1	0	0	0	2	70	9	75	2	0.28563	0.43252	0.123052	0.494955	89.99998	0.073171	25	0.0148721	2468.535
预测值	2	1	1	0	0	0	2	70	9	75	2	0.28563	0.43252	0.123052	0.494955	89.99998	0.073171	25	0.0148721	2468.535

第四组

真实值	0	1	3	1	0	0	1	20	9.1	195	2	0.28563	0.43252	0.123052	0.494955	30	0.073984	25	0.0148721	2726.6769
预测值	0	1	3	1	0	0	1	20	9.1	195	2	0.28563	0.43252	0.123052	0.494955	30	0.073984	25	0.0148721	2726.6769

第五组

真实值	1	1	1	1	0	0	1	45	9	75	3	0.28563	0.43252	0.123052	0.494955	54.99996	0.073171	12.5	0.0148721	1597.913
预测值	1	1	1	0	0	0	1	45	9	75	3	0.28563	0.43252	0.123052	0.494955	54.99996	0.073171	12.5	0.0148721	1597.913

由 5 组计算实例中真实值与预测值对比可知，模型预测结果、机理计算结果与真实结果极为接近，误差很小，符合精度要求。进一步说明动伪装装备效能计算物理解析模型具有较高的准确性与可靠性。

2. 灵敏度分析

灵敏度分析使用了 Sobol 灵敏度分析方法，通过计算输出参数与各项输入的一阶灵敏度，反映输入变量对于输出结果的影响。样本采样数为 2^{10}，采用 L2 正则化方法，各个子模型的敏感性分析结果柱状图如图 7-13~图 7-16 所示。

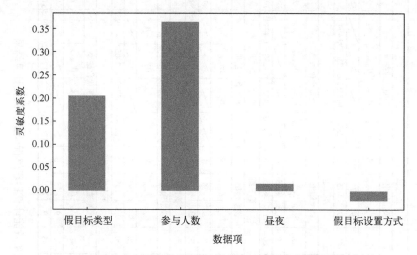

图 7-13 假目标设置作业时间敏感性分析结果

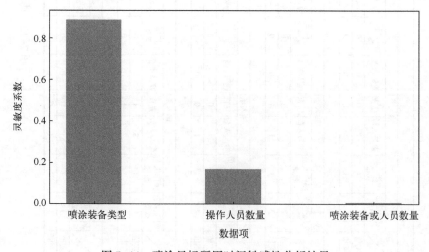

图 7-14 喷涂目标所用时间敏感性分析结果

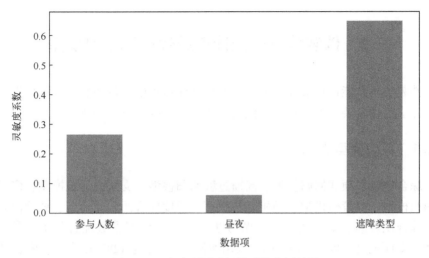

图 7-15　遮障所用时间敏感性分析结果

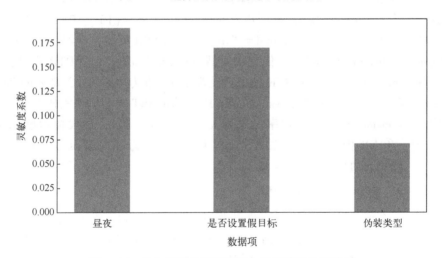

图 7-16　单个判读员发现目标个数敏感性分析结果

由图 7-13 可知，假目标设置作业时间主要受假目标类型和参与人数的影响，昼夜以及假目标设置方式对其影响较小。由图 7-14 可知，喷涂目标所用时间主要受喷涂装备类型影响，操作人员数量对其影响较小，其他变量对喷涂目标所用时间影响较小。由图 7-15 可知，遮障所用时间主要受遮障类型和参与人数的影响，昼夜对其影响不大。由图 7-16 可知，单个判读员发现目标个数主要受昼夜以及是否设置假目标两个因素的影响，伪装类型对其影响不大。

7.2 伪装装备效能计算最优智能学习模型

伪装装备效能计算最优智能学习模型构建过程中,伪装装备采集数据和预处理方法与伪装装备效能计算最优物理解析模型构建过程一致。

7.2.1 智能模型训练

综合比较多项式回归模型、高斯过程回归模型、支持向量机模型、多层感知回归模型、决策树模型、随机森林模型、梯度提升回归树模型、核岭回归模型,综合比较选取确定最佳的预测分析模型。各模型参数配置如下:①PLM模型:多项式自由度degree=10,采用线性回归方法;②GPR模型:常数核的参数设定为constant=0.1,constantbounds=(10^{-3},10^{-1}),径向基核函数的尺度参数设定为lenthscale=0.5,上下边界lenthscalebounds=(10^{-4},10);③SVM模型:核函数为径向基函数(kernel="rbf");④MLPR模型:学习率lr=0.01,激活函数activation="relu",优化求解器solver="adam";⑤DTR模型:最大树深度max_depth=5;⑥RFR模型:设置评判标准为均方误差,即criterion=mse,决策树的数量设定为n_estimators=100;⑦GBRT模型:决策树的数量设定为n_estimators=100,学习率设定为learning_rate=0.1,最大树深度max_depth=5;⑧KR模型:影响系数为$\alpha=1$,核函数为径向基函数(kernel="rbf"),模型自由度为degree=3。

1. 假目标伪装作业效率模型

图7-17所示为预测假目标伪装作业效率的各指标得分雷达图,其中各项指标都是通过无量纲化得到的(表7-14~表7-16,指标越接近1说明模型在该项指标的表现越好,雷达图覆盖面积越大说明模型的综合表现越好。相较于其他模型,GBRT模型在各项指标上均有突出表现,其雷达图覆盖面积最大,因此,选择GBRT模型作为预测假目标伪装作业效率的最优模型。

表7-14 假目标伪装作业效率模型得分表

模型	PLM	GPR	SVM	MLPR	DTR	RFR	GBRT	KR
得分	0.0	0.22	0.57	2.66	5.55	4.79	5.58	0.0043

第7章 伪装装备效能计算模型

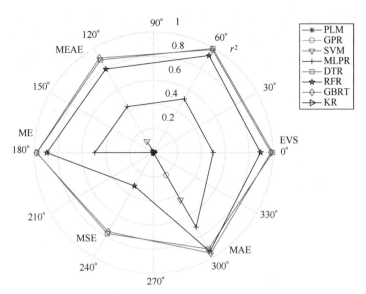

图 7-17 假目标伪装作业效率模型得分图

表 7-15 假目标伪装作业效率实际打分结果

指标	PLM	GPR	SVM	MLPR	DTR	RFR	GBRT	KR
r^2	-7721	-1.57	-0.215	0.477	0.977	0.892	0.980	-0.0277
EVS	-6526	-0.397	0.00683	0.505	0.977	0.925	0.981	0.00434
MAE	101	2.77	2.27	1.43	0.285	0.511	0.240	2.55
MSE	49862	16.6	7.85	3.38	0.147	0.699	0.128	6.64
ME	544	8.67	4.39	3.47	0.700	2.11	0.751	3.09
MEAE	6.27	2.02	1.41	0.739	0.200	0.137	0.0971	2.57

表 7-16 假目标伪装作业效率归一化打分结果

指标	PLM	GPR	SVM	MLPR	DTR	RFR	GBRT	KR
r^2	0.0	0.0	0.0	0.500	0.997	0.897	0.984	0.0
EVS	0.0	0.0	0.00696	0.514	0.996	0.929	0.985	0.00435
MAE	0.0	0.0	0.109	0.440	0.888	0.800	0.906	0.0
MSE	0.0	0.0	0.0	0.491	0.978	0.895	0.981	0.0
ME	0.0	0.0	0.0	0.0	0.774	0.318	0.757	0.0
MEAE	0.0	0.216	0.451	0.713	0.922	0.947	0.962	0.0

图 7-18 是对假目标伪装作业效率预测的对角线图,使用综合误差打分机制选取的最优机器学习模型为梯度提升回归树模型,图中黑线表示预测值和真值相等,可以看到预测值几乎全部落在对角线上,说明模型预测对该项能力的预测较为准确。

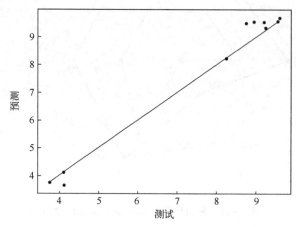

图 7-18 预测假目标伪装作业效率的对角线图

2. 迷彩伪装作业效率模型

图 7-19 所示为预测迷彩伪装作业效率的各指标得分雷达图,其中各项指标都是通过无量纲化得到的(表 7-17~表 7-19),指标越接近 1 说明模型在该项指标的表现越好,因此,雷达图覆盖面积越大说明模型的综合表现越好。相较于其他模型,GPR 模型在各项指标上表现最为突出,其雷达图覆盖面积最大,因此,选择 GPR 模型作为预测迷彩伪装作业效率的最优模型。

表 7-17 迷彩伪装作业效率模型得分表

模型	PLM	GPR	SVM	MLPR	DTR	RFR	GBRT	KR
得分	0.99	4.64	1.82	2.71	4.55	4.34	4.54	0.83

表 7-18 迷彩伪装作业效率实际打分结果

指标	PLM	GPR	SVM	MLPR	DTR	RFR	GBRT	KR
r^2	-120770	0.858	0.535	0.665	0.877	0.860	0.875	0.406
EVS	-100641	0.864	0.575	0.673	0.890	0.889	0.890	0.407
MAE	293	0.277	1.13	0.962	0.241	0.357	0.253	1.41
MSE	515583	0.606	1.98	1.43	0.526	0.597	0.533	2.54
ME	1759	2.66	3.04	2.65	2.50	2.57	2.50	2.82
MEAE	0.0	0.0	1.19	0.786	0.0	0.0950	0.000053	1.63

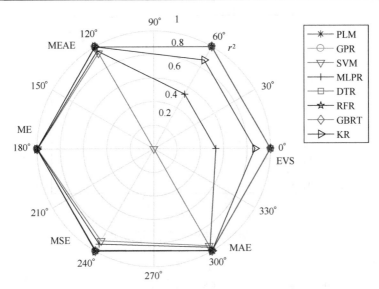

图 7-19 迷彩伪装作业效率模型得分图

表 7-19 迷彩伪装作业效率归一化打分结果

指标	PLM	GPR	SVM	MLPR	DTR	RFR	GBRT	KR
r^2	1.0	1.0	0.0	0.533	1.0	0.998	1.0	0.867
EVS	1.0	1.0	0.0	0.534	1.0	0.998	1.0	0.868
MAE	1.0	1.0	0.938	0.959	1.0	0.998	1.0	1.0
MSE	1.0	1.0	0.995	0.998	1.0	1.0	1.0	1.0
ME	1.0	1.0	0.9	0.932	1.0	0.994	1.0	1.0
MEAE	1.0	1.0	0.95	0.965	1.0	0.998	1.0	1.0

图 7-20 是对迷彩伪装作业效率预测的对角线图，使用综合误差打分机制选取的最优机器学习模型为高斯过程回归模型，图中黑线表示预测值和真值相等，可以看到预测值几乎全部落在对角线上，说明模型预测对该项能力的预测较为准确。

3. 伪装目标发现概率模型

图 7-21 所示为预测伪装目标发现概率的各指标得分雷达图，其中各项指标都是通过无量纲化得到的（表 7-20～表 7-22），指标越接近 1 说明模型在该项指标的表现越好，因此，雷达图覆盖面积越大说明模型的综合表现越好。相较于其他模型，GPR、DTR 和 RFR 模型在各项指标上表现全面，结合模型具体得分，选择 DTR 模型（6.0 分）作为预测伪装目标发现概率的最优模型。

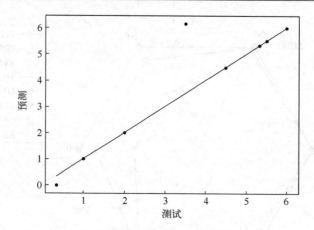

图 7-20 迷彩伪装作业效率预测对角线图

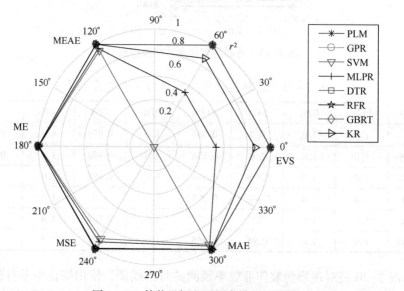

图 7-21 伪装目标发现概率模型得分图

表 7-20 伪装目标发现概率模型得分表

模型	PLM	GPR	SVM	MLPR	DTR	RFR	GBRT	KR
得分	0.99	5.23	2.21	3.47	6.0	3.26	3.74	0.72

表 7-21 伪装目标发现概率实际打分结果

指标	PLM	GPR	SVM	MLPR	DTR	RFR	GBRT	KR
r^2	1.0	1.0	−0.0996	0.533	1.0	0.998	1.0	0.867

续表

指标	PLM	GPR	SVM	MLPR	DTR	RFR	GBRT	KR
EVS	1.0	1.0	0.0	0.534	1.0	0.998	1.0	0.868
MAE	0.0	0.0	0.0625	0.0414	0.0	0.00204	0.000002	0.0194
MSE	0.0	0.0	0.00479	0.00203	0.0	0.000007	0.0	0.000581
ME	0.0	0.0	0.100	0.0681	0.0	0.006	0.000003	0.0612
MEAE	0.0	0.0	0.05	0.0347	0.0	0.002	0.000001	0.0214

表 7-22　伪装目标发现概率归一化打分结果

指标	PLM	GPR	SVM	MLPR	DTR	RFR	GBRT	KR
r^2	1.0	1.0	0.0	0.533	1.0	0.998	1.0	0.867
EVS	1.0	1.0	0.0	0.534	1.0	0.998	1.0	0.868
MAE	1.0	1.0	0.938	0.959	1.0	0.998	1.0	1.0
MSE	1.0	1.0	0.995	0.998	1.0	1.0	1.0	1.0
ME	1.0	1.0	0.9	0.932	1.0	0.994	1.0	1.0
MEAE	1.0	1.0	0.95	0.965	1.0	0.998	1.0	1.0

图 7-22 是对伪装目标发现概率预测的对角线图，使用综合误差打分机制选取的最优机器学习模型为决策树回归模型，图中黑线表示预测值和真值相等，虽然测试集较少，但是可以看到预测值全部落在对角线上，说明模型预测对该项能力的预测较为准确。

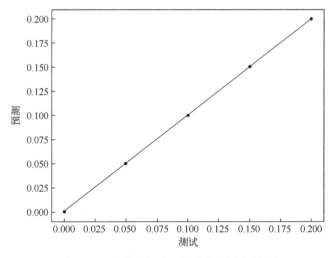

图 7-22　伪装目标发现概率预测对角线图

4. 遮障伪装效率模型

图 7-23 所示为预测遮障伪装作业效率的各指标得分雷达图,其中各项指标都是通过无量纲化得到的(表 7-23~表 7-25),指标越接近 1 说明模型在该项指标的表现越好,因此,雷达图覆盖面积越大说明模型的综合表现越好。相较于其他模型,GPR 和 RFR 模型在各项指标上表现全面,结合模型具体得分,选择 GPR 模型(5.82 分)作为预测遮障伪装作业效率的最优模型。

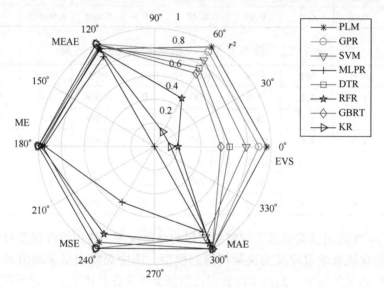

图 7-23 遮障伪装效率模型得分图

表 7-23 遮障伪装效率模型得分表

模型	PLM	GPR	SVM	MLPR	DTR	RFR	GBRT	KR
得分	0.43	5.82	2.76	3.36	5.34	5.76	5.21	0.37

表 7-24 遮障伪装效率实际打分结果

指标	PLM	GPR	SVM	MLPR	DTR	RFR	GBRT	KR
r^2	0.790	0.832	0.697	-0.298	0.623	0.197	0.551	0.137
EVS	0.853	0.881	0.781	-0.297	0.748	0.461	0.698	0.139
MAE	0.0601	0.0532	0.118	0.199	0.0850	0.145	0.0924	0.161
MSE	0.0121	0.00967	0.0175	0.0749	0.0218	0.0464	0.0259	0.0498
ME	0.242	0.219	0.251	0.602	0.270	0.406	0.309	0.435
MEAE	0.0	0.0	0.115	0.164	0.0	0.0523	0.000011	0.132

第 7 章 伪装装备效能计算模型

表 7-25 遮障伪装效率归一化打分结果

指标	PLM	GPR	SVM	MLPR	DTR	RFR	GBRT	KR
r^2	0.963	0.897	0.789	0.0	0.647	0.204	0.572	0.142
EVS	0.976	0.926	0.847	0.0	0.767	0.472	0.716	0.143
MAE	0.953	1.0	0.964	0.875	1.0	0.942	1.0	1.0
MSE	0.963	1.0	1.0	0.946	1.0	0.979	1.0	1.0
ME	0.941	1.0	1.0	0.546	1.0	0.860	1.0	1.0
MEAE	1.0	1.0	0.885	0.836	1.0	0.948	1.0	1.0

图 7-24 是对遮障伪装作业效率预测的对角线图，使用综合误差打分机制选取的最优机器学习模型为高斯过程回归模型，图中黑线表示预测值和真值相等，虽然测试集较少，但是可以看到预测值大多数落在对角线上，说明模型预测对该项能力的预测较为准确。

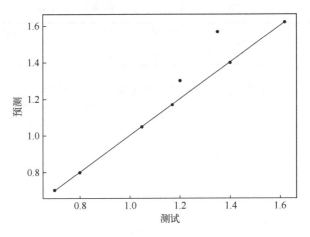

图 7-24 遮障伪装效率预测对角线图

5. 伪装装备效能计算模型

图 7-25 所示为预测伪装装备效能计算的各指标得分雷达图，其中各项指标都是通过无量纲化得到的（表 7-26~表 7-28），指标越接近 1 说明模型在该项指标的表现越好，因此，雷达图覆盖面积越大说明模型的综合表现越好。各模型预测能力普遍较差，相较于其他模型，MLPR 模型在各项指标上表现全面，因此，选择 MLPR 模型作为预测伪装装备作业能力的最优模型。

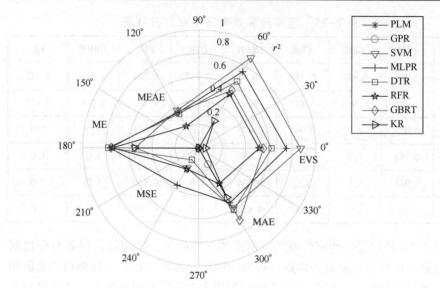

图 7-25 伪装装备效能计算模型得分图

表 7-26 伪装装备效能计算模型得分表

模型	PLM	GPR	SVM	MLPR	DTR	RFR	GBRT	KR
得分	1.24	5.13	2.93	5.79	5.26	5.37	5.62	0.97

表 7-27 伪装装备效能实际打分结果

指标	PLM	GPR	SVM	MLPR	DTR	RFR	GBRT	KR
r^2	−2920	−2.52	0.571	0.654	0.543	0.450	0.482	0.0501
EVS	−2521	−1.34	0.586	0.663	0.577	0.467	0.501	0.234
MAE	16.2	0.736	0.288	0.296	0.303	0.358	0.294	0.455
MSE	1075	1.29	0.158	0.127	0.168	0.202	0.191	0.350
ME	107	2.45	0.898	0.712	0.989	0.889	1.12	1.12
MEAE	5.77	0.329	0.163	0.272	0.232	0.393	0.179	0.365

表 7-28 伪装装备效能归一化打分结果

指标	PLM	GPR	SVM	MLPR	DTR	RFR	GBRT	KR
r^2	0.0	0.0	0.872	0.750	0.622	0.516	0.552	0.0574
EVS	0.0	0.0	0.884	0.750	0.653	0.528	0.566	0.265
MAE	0.0	0.0	0.367	0.348	0.335	0.214	0.354	0.0
MSE	0.0	0.0	0.548	0.768	0.781	0.741	0.756	0.552

第 7 章 伪装装备效能计算模型

续表

指标	PLM	GPR	SVM	MLPR	DTR	RFR	GBRT	KR
ME	0.0	0.0	0.197	0.364	0.116	0.206	0.00219	0.0
MEAE	0.0	0.162	0.584	0.535	0.603	0.349	0.704	0.481

图 7-26 是对伪装装备作业能力预测的对角线图，使用综合误差打分机制选取的最优机器学习模型为多层感知回归模型，图中黑线表示预测值和真值相等，可以看到预测值大多落在对角线附近，说明模型对该项能力的预测较为准确。

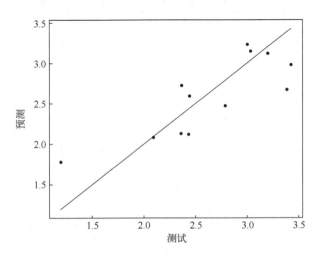

图 7-26　伪装装备效能预测对角线图

7.2.2　结果分析与灵敏度分析

1. 结果分析

为进一步验证伪装装备效能计算智能学习模型的准确性与可靠性，本章通过 5 组实例化计算表格完整展示了模型的计算流程与计算结果，并将模型预测值与真实值进行了对比，结果如图 7-27 所示。对于给定喷涂装备类型、操作人员数量、参与人数、昼夜、遮障类型、假目标类型、伪装类型等输入条件，加载训练好的最优机器学习模型分别预测相应的迷彩伪装作业效率 P_{mcwz}、遮障伪装作业效率 P_{zzwz}、假目标伪装作业效率 P_{jmbwz}、伪装目标发现概率 Q、伪装装备效能 P_{wzzy}。

	第一组											
	输入条件							模型预测结果				能力值
	喷涂装备类型	操作人员数量	参与人数	昼夜	遮障类型	假目标类型	伪装类型	P_{mcwz}	P_{zzwz}	P_{jmbwz}	Q	P_{wzzy}
真实值	1	1	1	0	0	0	1	55.000	0.073	95.000	0.015	1590.222
预测值	1	1	1	0	0	0	1	55.000	0.073	95.000	0.015	1590.222
	第二组											
	输入条件							模型预测结果				能力值
	喷涂装备类型	操作人员数量	参与人数	昼夜	遮障类型	假目标类型	伪装类型	P_{mcwz}	P_{zzwz}	P_{jmbwz}	Q	P_{wzzy}
真实值	2	1	1	1	0	0	2	80.000	0.095	17.500	0.015	2118.142
预测值	2	1	1	1	0	0	2	80.000	0.095	17.500	0.015	2118.142
	第三组											
	输入条件							模型预测结果				能力值
	喷涂装备类型	操作人员数量	参与人数	昼夜	遮障类型	假目标类型	伪装类型	P_{mcwz}	P_{zzwz}	P_{jmbwz}	Q	P_{wzzy}
真实值	2	1	1	0	0	0	2	90.000	0.073	25.000	0.015	2468.535
预测值	2	1	1	0	0	0	2	90.000	0.073	25.000	0.015	2468.535
	第四组											
	输入条件							模型预测结果				能力值
	喷涂装备类型	操作人员数量	参与人数	昼夜	遮障类型	假目标类型	伪装类型	P_{mcwz}	P_{zzwz}	P_{jmbwz}	Q	P_{wzzy}
真实值	0	1	3	1	0	0	1	30.000	0.074	25.000	0.015	726.677
预测值	0	1	3	1	0	0	1	30.000	0.074	25.000	0.015	726.677
	第五组											
	输入条件							模型预测结果				能力值
	喷涂装备类型	操作人员数量	参与人数	昼夜	遮障类型	假目标类型	伪装类型	P_{mcwz}	P_{zzwz}	P_{jmbwz}	Q	P_{wzzy}
真实值	1	1	1	0	0	0	1	55.000	0.073	12.500	0.015	1597.913
预测值	1	1	1	0	0	0	1	55.000	0.073	12.500	0.015	1597.913

图 7-27　伪装装备效能计算智能学习模型实例化计算结果

由 5 组计算实例中真实值与预测值对比可知，模型预测结果、机理计算结果与真实结果极为接近，误差很小，符合精度要求。进一步说明伪装装备效能计算智能学习模型具有较高的准确性与可靠性。

2. 灵敏度分析

灵敏度分析使用了 Sobol 灵敏度分析方法，通过计算输出参数与各项输入的一阶灵敏度，反映输入变量对于输出结果的影响。样本采样数为 2^{10}，采用 L2 正则化方法，各个子模型的敏感性分析结果柱状图如图 7-28~图 7-32 所示。

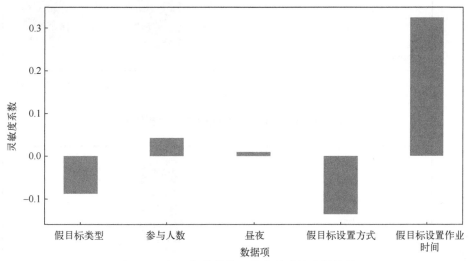

图 7-28　假目标伪装作业效率敏感性分析结果

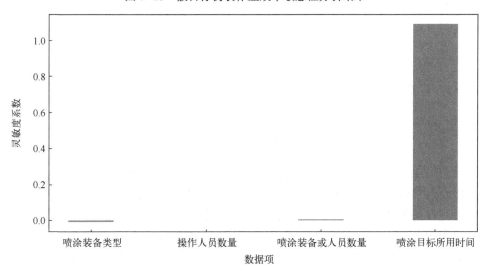

图 7-29　迷彩伪装作业效率敏感性分析结果

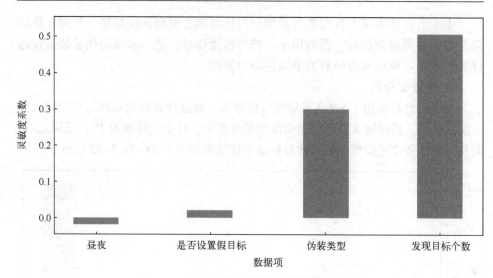

图 7-30 伪装目标发现概率敏感性分析结果

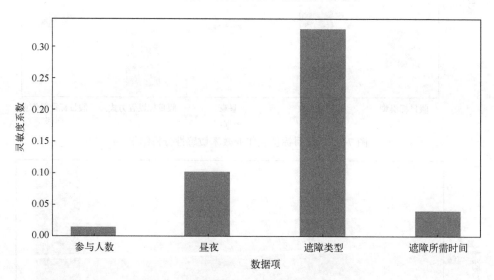

图 7-31 遮障伪装作业效率敏感性分析结果

由图 7-28 可知，假目标伪装作业效率主要受假目标类型、假目标设置方式以及假目标设置作业时间的影响，其他因素对其影响较小。由图 7-29 可知，迷彩伪装作业效率主要受喷涂目标所用时间的影响，其他因素对其影响很小。由图 7-30 可知，伪装目标发现概率主要受伪装类型和判读员发现目标个数的影响，其余变量对其影响很小。由图 7-31 可知，遮障伪装作业效率主要受遮障类型的影响，昼夜对其有一定影响，其余变量对其影响较小。由

图 7-32 可知，伪装装备效能主要受迷彩伪装作业效率的影响，其余变量对其影响较小。

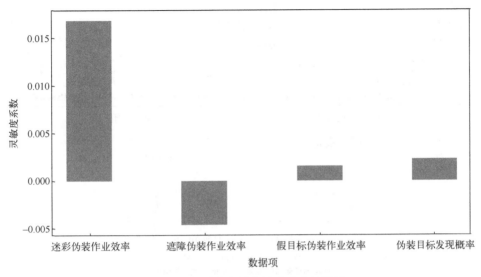

图 7-32　伪装装备效能敏感性分析结果

7.3　模型校验

将基于智能优化的伪装装备效能计算物理解析模型结果与基于数据驱动的伪装装备效能分析计算智能学习模型结果相互验证，以达到模型校验的目的。5 组实例化计算对比结果如图 7-33 所示，伪装装备作业能力输出指标包括迷彩伪装作业效率 P_{mcwz}、遮障伪装作业效率 P_{zzwz}、假目标伪装作业效率 P_{jmbwz}、伪装目标发现概率 Q、伪装装备效能 P_{wzzy}。

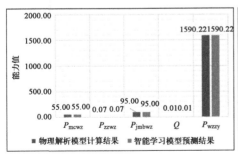

(a) 第一组对比结果

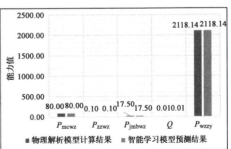

(b) 第二组对比结果

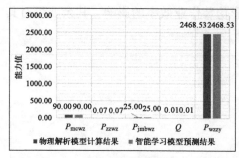
(c) 第三组对比结果

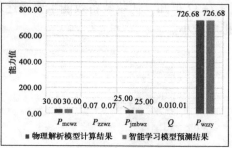
(d) 第四组对比结果

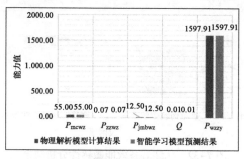
(e) 第五组对比结果

图 7-33　伪装装备效能计算物理解析与智能学习模型计算结果对比

由图 7-33 可知，伪装装备效能计算物理解析模型计算结果与智能学习模型预测结果极为接近，符合精度要求。模型验证结果说明物理解析模型与智能预测模型具有较高的准确性与可靠性，可以进行相互验证。

第8章 构工装备效能计算模型

构工装备是用于遂行工程保障和国防建设任务的装备,它是建设和工程保障的物质基础,主要包括军用工程机械,具体为野战工程机械、筑城施工机械及其保障机械。本章从基于数据驱动的智能学习模型构建方法和基于智能优化的物理解析模型构建方法入手,分析确定构工装备效能计算的最优模型。

8.1 构工装备效能计算最优物理解析模型

构工装备采集数据情况如图 8-1 所示。其中,对角线上是每个变量的分

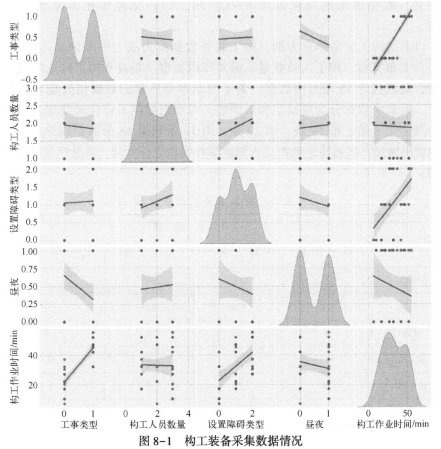

图 8-1 构工装备采集数据情况

布曲线图,可以看到各个变量在不同区间内的分布情况;非对角线上是变量两两之间的相关性回归分析图,可以初步分析变量之间的关联性,如构工作业时间和通路类型。

基于智能优化的解析模型主要由三部分功能组成:针对构工装备小样本数据训练智能模型用于预测物理机理计算公式中需要的输入参数;根据提供的构工装备数据利用智能优化算法动态寻优得到输入与输出之间的修正系数;将智能模型和优化算法得到的输入参数与修正系数输入物理机理公式中计算最终的各项效能指标。其模型计算流程如图8-2所示。

8.1.1 数据预处理

经过对输入的数据进行分析,因为数据体量较小且数据本身包含的噪声很少,该场景下的数据无须降维和去噪处理,仅需开展数据清洗和归一化处理,数据清洗的结果如图8-3所示,归一化操作在模型训练部分完成。

以某次构工装备作业为例,构工装备数据集为战士手动记录的数据集,共包含工事类型、构工人员数量、设置障碍类型、昼夜和构工作业时间5组变量,每组包含48条可用数据。为了测试本章所提的数据预处理方法的可行性,特意将数据分为空缺组和对照组,对照组数据不作任何处理,空缺组则将其中第8条、第19条、第29条、第38条和第48条数据剔除,模拟数据缺失的情形。之后将空缺组送入数据填补模块进行处理,填补结果如表8-1所列。

表8-1 构工装备数据统计量

参 数	数 据 项			
	构工器材	昼 夜	构工人数	构工作业土方量/m^3
平均数	1	0	4	6
中位数	1.0	1.0	5.0	6.0
众数	2	1	5	7
最大值	2	1	6	21.6
最小值	0	0	3	1.2
标准差	0.84	0.5	1.09	4.75

第 8 章 构工装备效能计算模型

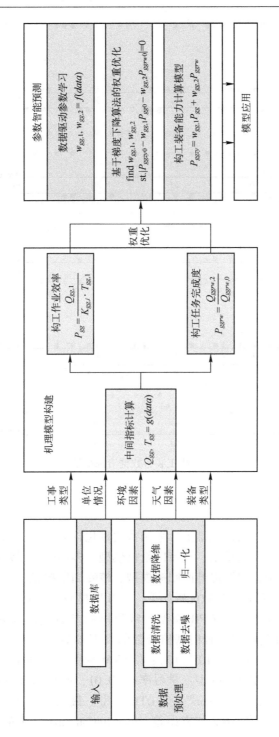

图 8-2 基于智能优化的构工装备模型解析模型框架

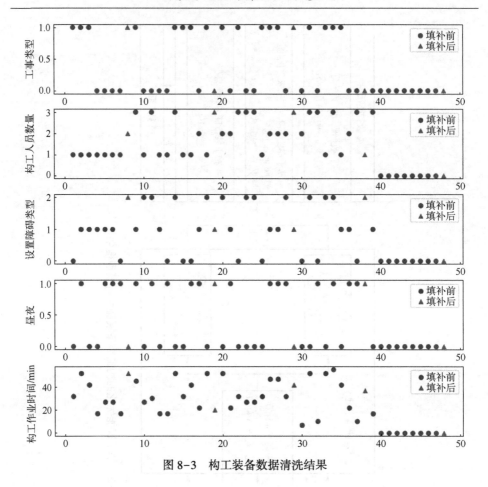

图 8-3 构工装备数据清洗结果

8.1.2 智能优化

在获取的数据清洗结果基础上，采用数据量化打分机制，综合比较多项式回归模型、高斯过程回归模型、支持向量机模型、多层感知回归模型、决策树模型、随机森林模型、梯度提升回归树模型、核岭回归模型，综合比较选取确定最佳的预测模型。各模型参数配置如下：①PLM 模型：多项式自由度 degree = 10，采用线性回归方法；②GPR 模型：常数核的参数设定为 constant = 0.1，constantbounds = (10^{-3}, 10^{-1})，径向基核函数的尺度参数设定为 lenthscale = 0.5，上下边界 lenthscalebounds = (10^{-4}, 10)；③SVM 模型：核函数为径向基函数(kernel = "rbf")；④MLPR 模型：学习率 lr = 0.01，激活函数 activation = "relu"，优化求解器 solver = "adam"；⑤DTR 模型：最大树深度 max_depth = 5；⑥RFR 模型：设置评判标准为均方误差，即 criterion = mse，决策树的数量设定

第 8 章 构工装备效能计算模型

为 n_estimators = 100；⑦GBRT 模型：决策树的数量设定为 n_estimators = 100，学习率设定为 learning_rate = 0.1，最大树深度 max_depth = 5；⑧KR 模型：影响系数为 $\alpha = 1$，核函数为径向基函数（kernel = "rbf"），模型自由度为 degree = 3。

1. 构工作业土方量模型

图 8-4 所示为预测构工作业土方量的各指标得分雷达图，其中各项指标都是通过无量纲化得到的（表 8-2～表 8-4），指标越接近 1 说明模型在该项指标的表现越好，因此，雷达图覆盖面积越大说明模型的综合表现越好。结合模型实际得分，选择得分最高的 MLPR 模型（3.76 分）作为预测构工作业土方量的最优模型。

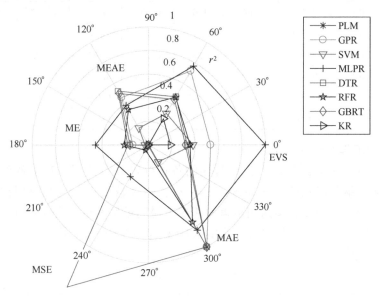

图 8-4 构工作业土方量模型得分图

表 8-2 构工作业土方量模型得分表

模型	PLM	GPR	SVM	MLPR	DTR	RFR	GBRT	KR
得分	0.99	2.86	1.05	3.76	2.51	2.18	2.42	0.44

表 8-3 构工作业土方量实际打分结果

指标	PLM	GPR	SVM	MLPR	DTR	RFR	GBRT	KR
r^2	−73.3	0.297	0.213	0.557	0.332	0.357	0.317	0.188
EVS	−62.6	0.404	0.222	0.558	0.363	0.359	0.343	0.197

续表

指标	PLM	GPR	SVM	MLPR	DTR	RFR	GBRT	KR
MAE	19.3	1.70	2.64	1.94	1.50	2.07	1.57	3.16
MSE	1989	18.8	21.1	11.9	17.9	17.2	18.3	21.8
ME	117	14.4	14.5	9.92	14.4	13.7	14.4	13.7
MEAE	0.0	0.0	2.26	0.441	0.0	0.660	0.000101	2.71

表 8-4 构工作业土方量归一化打分结果

指标	PLM	GPR	SVM	MLPR	DTR	RFR	GBRT	KR
r^2	0.0	0.532	0.382	1.0	0.332	0.357	0.317	0.188
EVS	0.0	0.724	0.307	0.771	0.470	0.466	0.444	0.256
MAE	0.0	0.463	0.165	0.386	0.526	0.345	0.503	0.0
MSE	0.0	0.134	0.0306	0.455	0.178	0.208	0.159	0.0
ME	0.0	0.00692	0.0	0.311	1.39	0.0508	0.0	0.0
MEAE	1.0	1.0	0.167	0.837	1.0	0.756	1.0	0.0

2. 构工作业时间模型

图 8-5 所示为预测构工作业时间的各指标得分雷达图，其中各项指标都是通过无量纲化得到的（表 8-5~表 8-7），指标越接近 1 说明模型在该项指标的表现越好，因此，雷达图覆盖面积越大说明模型的综合表现越好。由图并结合模型实际得分，选择得分最高的 DTR 模型（5.08 分）作为预测构工作业时间的最优模型。

表 8-5 构工作业时间模型得分表

模型	PLM	GPR	SVM	MLPR	DTR	RFR	GBRT	KR
得分	2.60	3.05	0.36	1.96	5.08	3.66	4.39	1.10

表 8-6 构工作业时间实际打分结果

指标	PLM	GPR	SVM	MLPR	DTR	RFR	GBRT	KR
r^2	0.439	0.512	0.222	0.311	0.928	0.857	0.867	0.543
EVS	0.464	0.599	0.254	0.409	0.933	0.869	0.901	0.555
MAE	4.13	4.46	8.70	4.69	1.99	3.05	2.25	6.79
MSE	83.1	72.2	115	102	10.7	21.2	19.6	67.6
ME	29.1	21.9	18.1	28.5	6.67	12.9	10.8	14.3
MEAE	0.0	0.0	6.10	0.652	0.0	2.17	0.000465	5.30

第 8 章 构工装备效能计算模型

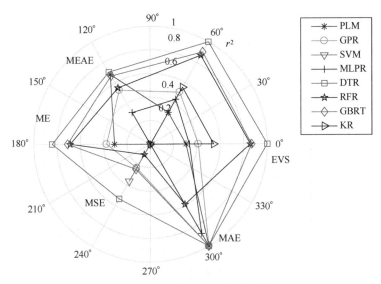

图 8-5 构工作业时间模型得分图

表 8-7 构工作业时间归一化打分结果

指标	PLM	GPR	SVM	MLPR	DTR	RFR	GBRT	KR
r^2	0.306	0.411	0.0	0.335	1.0	0.857	0.867	0.543
EVS	0.310	0.507	0.0	0.438	1.0	0.869	0.901	0.555
MAE	0.682	0.529	0.0	0.310	0.707	0.551	0.669	0.0
MSE	0.306	0.374	0.0	0.0	0.842	0.687	0.709	0.0
ME	0.0	0.233	0.363	0.0	0.535	0.103	0.246	0.0
MEAE	1.0	1.0	0.0	0.877	1.0	0.591	1.0	0.0

8.1.3 物理计算

由构工作业效率计算公式可知，构工作业效率由构工作业土方量 Q_{gg}、构工作业时间 T_{ggx1} 等参数决定；构工任务完成度由构工作业土方量 Q_{gg}、上级规定作业土方量等参数决定。其中，构工作业时间 T_{ggx1}、构工作业土方量 Q_{gg} 在给定工事类型、构工人员数量、设置障碍类型、昼夜等输入条件时可由训练好的最优机器学习模型预测得出，预测结果如图 8-6 所示；其余参数可通过作战指挥官人为决策指定。

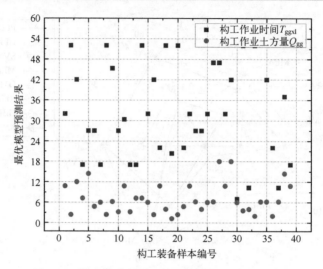

图 8-6　构工作业时间、构工作业土方量预测结果

通过计算38组构工任务完成度、构工作业效率以验证物理机理计算模块的合理性与准确性。计算结果如图8-7所示，构工任务完成度计算结果在0.020~0.150之间波动；构工作业效率计算结果在0.01~0.15之间波动。在人为决策指定的参数确定时，构工作业时间T_{ggxl}越长，构工作业效率越低；构工作业土方量Q_{gg}越大，构工任务完成度越大。因此，物理机理计算模块可以正确输出结果，计算结果具有合理性，可供参考。

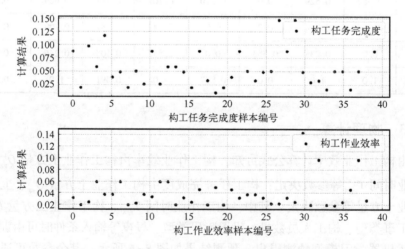

图 8-7　构工任务完成度、构工作业效率样本计算结果

8.1.4 参数寻优

对于真实的作战环境，需要考虑地形、气象、人员素质等影响因素对于构工任务完成度、构工作业效率的影响，而构工装备效能由构工任务完成度、构工作业效率加权聚合得到。因此，计算构工装备效能需要确定相应的权重系数以考虑地形、气象、人员素质等对于计算结果的影响。通过 BFGS 梯度下降优化算法对构工任务完成度参数、构工作业效率参数进行动态寻优，以确定合适的参数，进而确定最终的构工装备效能计算物理解析模型，如图 8-8 所示。

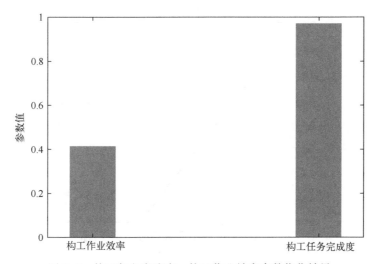

图 8-8 构工任务完成度、构工作业效率参数优化结果

图 8-9 所示为构工装备效能参数优化过程的损失迭代曲线，随着迭代步数的增加，损失函数逐渐减小，迭代至 510 步左右时，损失不再下降，此后开始稳定，迭代达到收敛。由参数随迭代步数的变化曲线，可以看到，随着迭代步数增加，构工任务完成度和构工作业效率均呈上升趋势，在第 500 步附近时曲线走平，迭代达到收敛。由图 8-8 可知，构工任务完成度参数为 0.970，构工作业效率的参数为 0.414。

8.1.5 结果分析与灵敏度分析

1. 结果分析

为进一步验证构工装备效能计算物理解析模型的准确性与可靠性，本章通过 5 组实例化计算表格完整展示了模型的计算流程与计算结果,并将模型预测值与真实值进行了对比,结果如图 8-10 所示。首先,对于给定工事类型、构工人员数量、设置障碍类型、昼夜、构工器材和构工人数等输入条件,加载训练好的最优机器学习模型分别预测相应的构工作业时间 T_{ggxl}、构工作业土方量 Q_{gg};其次,将预测得到的参数以及人为决策指定的参数输入物理机理计算模型,以计算相应的构工作业效率 P_{ggxl}、构工任务完成度 P_{ggwc};再次,利用 BFGS 梯度下降优化算法对构工作业效率参数 W_{ggxl}、构工任务完成度参数 W_{ggwc} 进行动态寻优;最后,利用效率和参数进行加权聚合得到构工装备效能 P_{ggzy}。

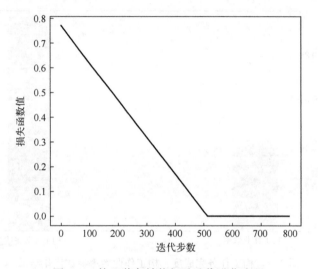

图 8-9 构工装备效能权重迭代进化流程

由 5 组计算实例中真实值与预测值对比可知,模型预测结果、机理计算结果与真实结果极为接近,误差很小,符合精度要求。进一步说明构工装备效能计算物理解析模型具有较高的准确性与可靠性。

2. 灵敏度分析

灵敏度分析使用了 Sobol 灵敏度分析方法,通过计算输出参数与各项输入的一阶灵敏度,反映输入变量对于输出结果的影响。样本采样数为 2^{10},采用 L2 正则化方法,各个子模型的敏感性分析结果柱状图如图 8-11 和图 8-12 所示。

第8章 构工装备效能计算模型

		输入条件					模型输出		权重优化结果		机理计算结果		能力值	
	工事类型	构工人员数量	设置障碍类型	昼夜	构工器材	构工人数	T_{ggxl}	Q_{gg}	W_{ggxl}	W_{ggwc}	P_{ggxl}	P_{ggwc}	P_{ggxy}	
第一组														
真实值	1	1	0	0	2	3	32	10.8	0.914624	0.970931	0.03125	0.087805	0.113835	
预测值	1	1	0	0	2	3	32	10.8	0.914624	0.970931	0.03125	0.087805	0.113835	
第二组														
真实值	1	1	1	1	0	6	52	2.4	0.914624	0.970931	0.019231	0.019512	0.036534	
预测值	1	1	1	1	0	6	52	2.4	0.914624	0.970931	0.019231	0.019512	0.036534	
第三组														
真实值	1	1	1	0	1	5	42	12	0.914624	0.970931	0.02381	0.097561	0.116502	
预测值	1	1	1	0	1	5	42	12	0.914624	0.970931	0.02381	0.097561	0.116502	
第四组														
真实值	0	1	1	0	2	6	17	7.2	0.914624	0.970931	0.058824	0.058537	0.110636	
预测值	0	1	1	0	2	6	17	7.2	0.914624	0.970931	0.058824	0.058537	0.110636	
第五组														
真实值	0	1	1	1	2	4	27	14.4	0.914624	0.970931	0.037037	0.117073	0.147545	
预测值	0	1	1	1	2	4	27	14.4	0.914624	0.970931	0.037037	0.117073	0.147545	

图 8-10 构工装备效能计算物理解析模型实例化计算结果

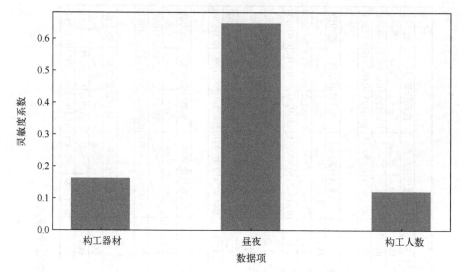

图 8-11 构工作业土方量敏感性分析结果

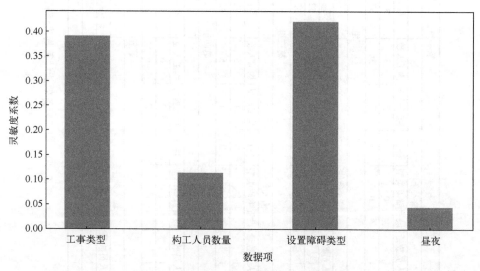

图 8-12 构工作业时间敏感性分析结果

由图 8-11 可知，构工作业土方量主要受昼夜的影响，构工器材和构工人数对其产生一定影响。由图 8-12 可知，构工作业时间主要受设置障碍类型和工事类型的影响，构工人员数量和昼夜对其产生一定程度的影响。

8.2 构工装备效能计算最优智能学习模型

构工装备效能计算最优智能学习模型构建过程中，构工装备采集数据和预处理方法与构工装备效能计算最优物理解析模型构建过程一致。

8.2.1 智能模型训练

综合比较多项式回归模型、高斯过程回归模型、支持向量机模型、多层感知回归模型、决策树模型、随机森林模型、梯度提升回归树模型、核岭回归模型，综合比较选取确定最佳的预测分析模型。各模型参数配置如下：①PLM模型：多项式自由度 degree = 10，采用线性回归方法；②GPR 模型：常数核的参数设定为 constant = 0.1，constantbounds = (10^{-3}, 10^{-1})，径向基核函数的尺度参数设定为 lenthscale = 0.5，上下边界 lenthscalebounds = (10^{-4}, 10)；③SVM 模型：核函数为径向基函数（kernel = "rbf"）；④MLPR 模型：学习率 lr = 0.01，激活函数 activation = "relu"，优化求解器 solver = "adam"；⑤DTR 模型：最大树深度 max_depth = 5；⑥RFR 模型：设置评判标准为均方误差，即 criterion = mse，决策树的数量设定为 n_estimators = 100；⑦GBRT 模型：决策树的数量设定为 n_estimators = 100，学习率设定为 learning_rate = 0.1，最大树深度 max_depth = 5；⑧KR 模型：影响系数为 α = 1，核函数为径向基函数（kernel = "rbf"），模型自由度为 degree = 3。

1. 构工任务完成度模型

图 8-13 所示为预测构工任务完成度的各指标得分雷达图，其中各项指标都是通过无量纲化得到的（表 8-8~表 8-10），指标越接近 1 说明模型在该项指标的表现越好，因此，雷达图覆盖面积越大说明模型的综合表现越好。PLM 在大多数指标上表现良好，结合模型得分，因此选择 PLM 模型作为预测构工任务完成度的最优模型。

表 8-8 构工任务完成度模型得分表

模型	PLM	GPR	SVM	MLPR	DTR	RFR	GBRT	KR
得分	5.78	5.25	4.86	3.48	4.88	4.77	4.88	4.0

表 8-9 构工任务完成度实际打分结果

指标	PLM	GPR	SVM	MLPR	DTR	RFR	GBRT	KR
r^2	0.414	0.414	0.154	-2.98	0.414	0.366	0.414	-0.104

续表

指标	PLM	GPR	SVM	MLPR	DTR	RFR	GBRT	KR
EVS	0.414	0.414	0.156	0.0	0.414	0.367	0.414	−0.0712
MAE	0.0669	0.0669	0.0919	0.207	0.0669	0.0756	0.0669	0.110
MSE	0.00824	0.00824	0.0119	0.0559	0.00824	0.00891	0.00824	0.0155
ME	0.237	0.237	0.250	0.348	0.237	0.231	0.237	0.205
MEAE	0.0500	0.0500	0.0906	0.238	0.0500	0.0709	0.0500	0.0959

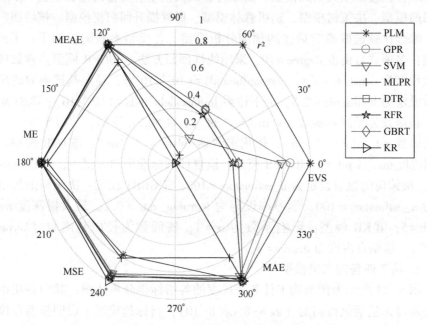

图 8-13 构工任务完成度模型得分图

表 8-10 构工任务完成度归一化打分结果

指标	PLM	GPR	SVM	MLPR	DTR	RFR	GBRT	KR
r^2	1.0	0.853	0.787	0.0	0.469	0.426	0.469	0.0
EVS	1.0	0.453	0.212	0.0665	0.453	0.409	0.453	0.0
MAE	1.0	1.0	0.973	0.850	1.0	0.991	1.0	1.0
MSE	1.0	1.0	0.996	0.952	1.0	0.999	1.0	1.0
ME	0.778	0.944	0.939	0.806	0.957	0.965	0.958	1.0
MEAE	1.0	1.0	0.957	0.802	1.0	0.978	1.0	1.0

第8章 构工装备效能计算模型

图8-14是对构工任务完成度预测的对角线图，使用综合误差打分机制选取的最优机器学习模型为多项式回归模型，图中黑线表示预测值和真值相等，可以看到部分预测值距离对角线偏差较大，说明模型对该项能力的预测较为一般。

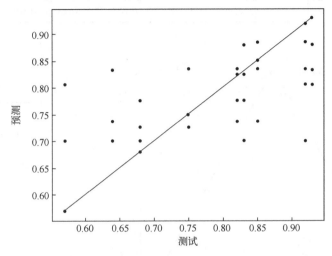

图8-14 预测构工任务完成度的对角线图

2. 构工作业效率模型

图8-15所示为预测构工作业效率的各指标得分雷达图，其中各项指标都是通过无量纲化得到的（表8-11～表8-13），指标越接近1说明模型在该项指标的表现越好，因此，雷达图覆盖面积越大说明模型的综合表现越好。由图并结合模型实际得分，选择得分最高的PLM模型（5.91分）作为预测构工作业效率的最优模型。

表8-11 构工作业效率模型得分表

模型	PLM	GPR	SVM	MLPR	DTR	RFR	GBRT	KR
得分	5.91	5.12	3.78	3.77	5.09	4.91	5.11	4.0

表8-12 构工作业效率实际打分结果

指标	PLM	GPR	SVM	MLPR	DTR	RFR	GBRT	KR
r^2	0.555	0.555	-0.0326	-0.0124	0.552	0.480	0.555	-0.00603
EVS	0.555	0.555	0.0433	0.00391	0.552	0.482	0.555	0.00356
MAE	0.0770	0.0770	0.126	0.130	0.0781	0.0977	0.0770	0.138

续表

指标	PLM	GPR	SVM	MLPR	DTR	RFR	GBRT	KR
MSE	0.0125	0.0125	0.0291	0.0285	0.0126	0.0146	0.0125	0.0284
ME	0.250	0.250	0.347	0.337	0.262	0.251	0.250	0.288
MEAE	0.0500	0.0500	0.100	0.0856	0.045	0.0744	0.0500	0.0812

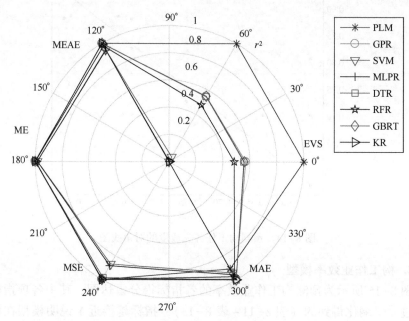

图 8-15 构工作业效率模型得分图

表 8-13 构工作业效率归一化打分结果

指标	PLM	GPR	SVM	MLPR	DTR	RFR	GBRT	KR
r^2	1.0	0.569	0.0	0.0	0.555	0.484	0.558	0.0
EVS	1.0	0.554	0.0399	0.000349	0.552	0.481	0.555	0.00322
MAE	1.0	1.0	0.947	0.943	0.999	0.978	1.0	1.0
MSE	1.0	1.0	0.983	0.984	1.0	0.998	1.0	1.0
ME	1.0	1.0	0.870	0.884	0.984	0.998	1.0	1.0
MEAE	0.909	0.994	0.942	0.957	1.0	0.974	1.0	1.0

图 8-16 是对构工作业效率预测的对角线图，使用综合误差打分机制选取的最优机器学习模型为多项式回归模型，图中黑线表示预测值和真值相等，可以看到预测值部分偏离对角线，说明模型对该项能力的预测较为一般。

第 8 章　构工装备效能计算模型

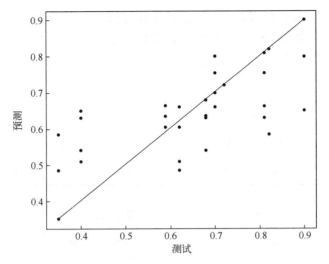

图 8-16　预测构工作业效率的对角线图

3. 构工装备效能计算模型

图 8-17 所示为预测构工装备效能计算的各指标得分雷达图，其中各项指标都是通过无量纲化得到的（表 8-14~表 8-16），指标越接近 1 说明模型在

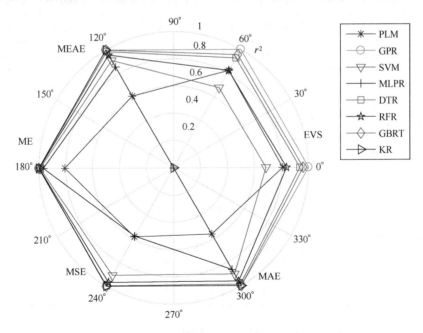

图 8-17　构工装备效能计算模型得分图

213

该项指标的表现越好,因此,雷达图覆盖面积越大说明模型的综合表现越好。除了 PLM 和 MLPR,各模型在各指标上都有不错表现,结合模型实际得分,选择得分最高的 GPR 模型(6.0 分)作为预测构工装备效能的最优模型。

表 8-14 构工装备效能计算模型得分表

模型	PLM	GPR	SVM	MLPR	DTR	RFR	GBRT	KR
得分	4.19	6.0	5.07	3.26	5.83	5.54	5.92	4.0

表 8-15 构工装备效能实际打分结果

指标	PLM	GPR	SVM	MLPR	DTR	RFR	GBRT	KR
r^2	0.635	0.955	0.465	−0.695	0.926	0.816	0.955	−0.116
EVS	0.671	0.955	0.469	−0.636	0.926	0.816	0.955	−0.0279
MAE	0.0635	0.00692	0.0939	0.151	0.0202	0.0482	0.00694	0.133
MSE	0.00751	0.00935	0.0110	0.0349	0.00153	0.00379	0.000935	0.0230
ME	0.288	0.135	0.215	0.501	0.138	0.162	0.135	0.253
MEAE	0.0602	0.0	0.100	0.137	0.0133	0.0395	0.000018	0.138

表 8-16 构工装备效能归一化打分结果

指标	PLM	GPR	SVM	MLPR	DTR	RFR	GBRT	KR
r^2	0.806	1.0	0.684	0.0	0.934	0.835	0.959	0.0
EVS	0.822	1.0	0.676	0.0	0.928	0.821	0.956	0.0
MAE	0.608	1.0	0.912	0.855	0.987	0.958	1.0	1.0
MSE	0.806	1.0	0.990	0.966	0.999	0.997	1.0	1.0
ME	0.582	1.0	0.908	0.577	0.997	0.968	1.0	1.0
MEAE	0.563	1.0	0.900	0.863	0.987	0.961	1.0	1.0

图 8-18 是对构工装备效能预测的对角线图,使用综合误差打分机制选取的最优机器学习模型为高斯过程回归模型,图中黑线表示预测值和真值相等,

测试点较少,可以看到预测值几乎全落在对角线上,说明模型对该项能力的预测较为准确。

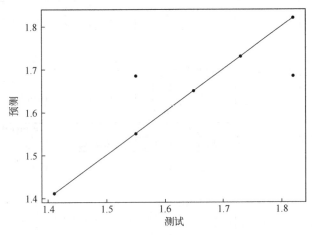

图 8-18　构工装备效能预测的对角线图

8.2.2　结果分析与灵敏度分析

1. 结果分析

为进一步验证构工装备效能计算智能学习模型的准确性与可靠性,本章通过 5 组实例化计算表格完整展示了模型的计算流程与计算结果,并将模型预测值与真实值进行了对比,结果如图 8-19 所示。对于给定工事类型、构工人员数量、设置障碍类型、昼夜、构工器材和构工人数等输入条件,加载训练好的最优机器学习模型分别预测相应的构工作业效率 P_{ggxl}、构工任务完成度 P_{ggwc}、构工装备效能 P_{ggzy}。

由 5 组计算实例中真实值与预测值对比可知,模型预测结果与真值的最大相对误差仅为 0.00205%,符合精度要求。模型预测结果与真实结果极为接近,误差较小,进一步说明构工装备效能计算智能学习模型具有较高的准确性与可靠性。

2. 灵敏度分析

灵敏度分析使用了 Sobol 灵敏度分析方法,通过计算输出参数与各项输入的一阶灵敏度,反映输入变量对于输出结果的影响。样本采样数为 2^{10},采用 L2 正则化方法,各个子模型的敏感性分析结果柱状图如图 8-20～图 8-22 所示。

第一组								
	输入条件						机理计算结果	能力值
	工事类型	构工人员数量	设置障碍类型	昼夜	构工器材	构工人数	P_{ggxl} P_{ggwc}	P_{ggzy}
真实值	1	1	0	0	2	3	0.03125 0.08782	0.113835
预测值	1	1	0	0	2	3	0.03125 0.08781	0.113835
第二组								
	输入条件						机理计算结果	能力值
	工事类型	构工人员数量	设置障碍类型	昼夜	构工器材	构工人数	P_{ggxl} P_{ggwc}	P_{ggzy}
真实值	1	1	1	1	0	6	0.01923 0.01952	0.036534
预测值	1	1	1	1	0	6	0.01924 0.01953	0.036534
第三组								
	输入条件						机理计算结果	能力值
	工事类型	构工人员数量	设置障碍类型	昼夜	构工器材	构工人数	P_{ggxl} P_{ggwc}	P_{ggzy}
真实值	1	1	1	0	1	5	0.02381 0.097561	0.116502
预测值	1	1	1	0	1	5	0.02381 0.097563	0.116502
第四组								
	输入条件						机理计算结果	能力值
	工事类型	构工人员数量	设置障碍类型	昼夜	构工器材	构工人数	P_{ggxl} P_{ggwc}	P_{ggzy}
真实值	0	1	1	0	2	6	0.058824 0.058537	0.110636
预测值	0	1	1	0	2	6	0.058824 0.058537	0.110636
第五组								
	输入条件						机理计算结果	能力值
	工事类型	构工人员数量	设置障碍类型	昼夜	构工器材	构工人数	P_{ggxl} P_{ggwc}	P_{ggzy}
真实值	0	1	1	1	2	4	0.037037 0.117073	0.147545
预测值	0	1	1	1	2	4	0.037037 0.117074	0.147546

图 8-19 构工装备效能计算智能学习模型实例化计算结果

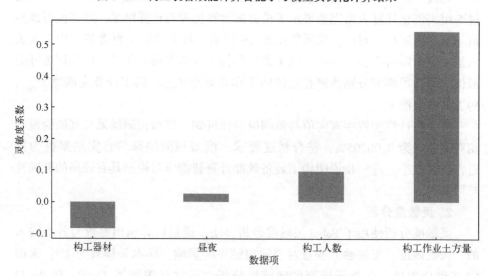

图 8-20 构工任务完成度敏感性分析结果

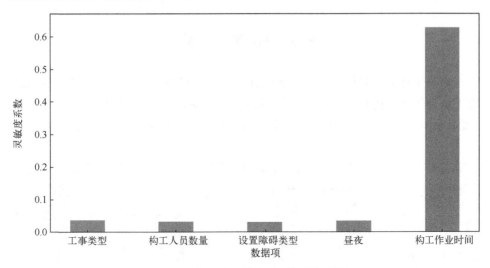

图 8-21 构工作业效率敏感性分析结果

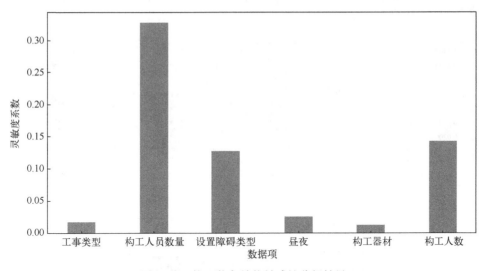

图 8-22 构工装备效能敏感性分析结果

由图 8-20 可知，构工任务完成度主要受构工作业土方量的影响，构工器材和构工人数对其有一定影响，昼夜对其略有影响。由图 8-21 可知，构工作业效率主要受构工作业时间的影响，其他变量对其影响不大。由图 8-22 可知，构工装备效能主要受构工人员数量的影响，构工人数和设置障碍类型对其有一定影响，其余变量对构工装备效能影响很小。

8.3 模型校验

将基于智能优化的构工装备效能计算物理解析模型结果与基于数据驱动的构工装备效能分析计算智能学习模型结果相互验证,以达到模型校验的目的。5 组实例化计算对比结果如图 8-23 所示,构工装备作业输出指标包括构工作

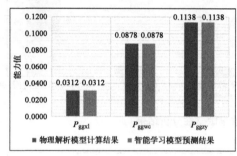

(a) 第一组对比结果

(b) 第二组对比结果

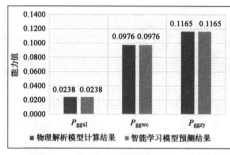

(c) 第三组对比结果

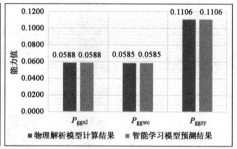

(d) 第四组对比结果

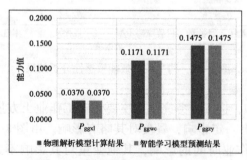

(e) 第五组对比结果

图 8-23 构工装备效能计算物理解析与智能学习模型计算结果对比

业效率 P_{ggxl}、构工任务完成度 P_{ggwc}、构工装备效能 P_{ggzy}。

由图 8-23 可知，构工装备效能计算物理解析模型计算结果与智能学习模型预测结果极为接近，符合精度要求。模型验证结果说明物理解析模型与智能预测模型具有较高的准确性与可靠性，可以进行相互验证。

第9章 布雷装备效能计算模型

布雷装备是指专门用于布设地雷的工程装备，用于实施快速机动大面积撒布防坦克地雷场、防步兵地雷场或混合地雷场。本章从基于数据驱动的智能学习模型构建方法和基于智能优化的物理解析模型构建方法入手，分析确定布雷装备效能计算的最优模型。

9.1 布雷装备效能计算最优物理解析模型

布雷装备采集数据情况如图 9-1 所示。其中，对角线上是每个变量的分

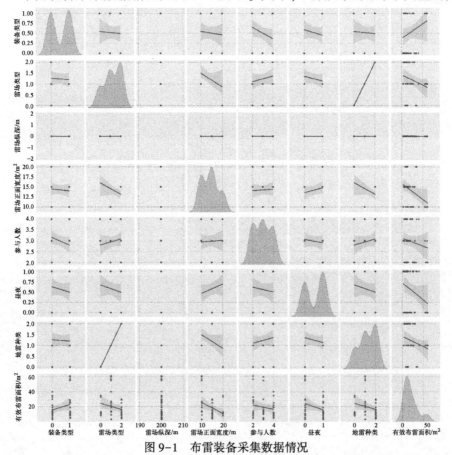

图 9-1 布雷装备采集数据情况

第 9 章 布雷装备效能计算模型

布曲线图,可以看到各个变量在不同区间内的分布情况;非对角线上是变量两两之间的相关性回归分析图,可以初步分析变量之间的关联性,如有效布雷面积和昼夜。

基于智能优化的解析模型主要由三部分功能组成:针对布雷装备小样本数据训练智能模型用于预测物理机理计算公式中需要的输入参数;根据提供的布雷数据利用智能优化算法动态寻优得到输入与输出之间的修正系数;将智能模型和优化算法得到的输入参数与修正系数输入物理机理公式中计算最终的各项效能指标。其模型框架如图 9-2 所示。

9.1.1 数据预处理

经过对输入的数据进行分析,因为数据体量较小且数据本身包含的噪声很少,该场景下的数据无须降维和去噪处理,仅需开展数据清洗和归一化处理,数据清洗的结果如图 9-3 所示,归一化操作在模型训练部分完成。

以某次作业为例,布雷数据集为战士手动记录的数据集,共包含装备类型、雷场类型、雷场纵深、雷场正面宽度、参与人数、昼夜、地雷种类和有效布雷面积 7 组变量(图 9-3 中展示了其中 5 组),每组包含 48 条可用数据。为了测试本章所提的数据预处理方法的可行性,特意将数据分为空缺组和对照组,对照组数据不作任何处理,空缺组则将其中第 8 条、第 19 条、第 29 条、第 38 条和第 48 条数据剔除,模拟数据缺失的情形。之后将空缺组送入数据填补模块进行处理,填补结果如表 9-1 所列。

表 9-1 布雷装备数据统计量

参 数	数 据 项							
	装备类型	雷场类型	雷场纵深 /m	雷场正面 宽度/m	参与人数	昼夜	地雷种类	有效布雷 面积/m²
平均数	0	1	200	14	2	0	1	19
中位数	1.0	1.0	200.0	15.0	3.0	1.0	1.0	13.0
众数	1	2	200	15	3	1	2	5
最大值	1	2	200	20	4	1	2	61
最小值	0	0	200	10	2	0	0	3
标准差	0.5	0.77	0.0	3.68	0.8	0.5	0.77	16.09

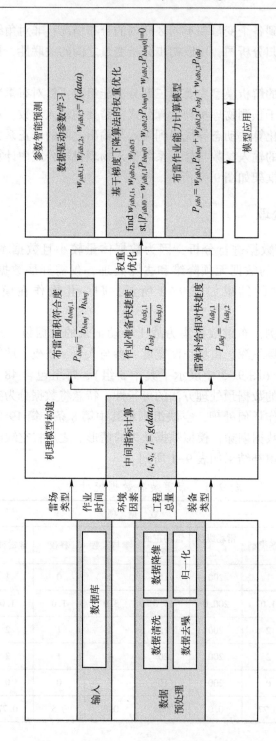

图 9-2 基于智能优化的布雷装备模型解析模型框架

第9章 布雷装备效能计算模型

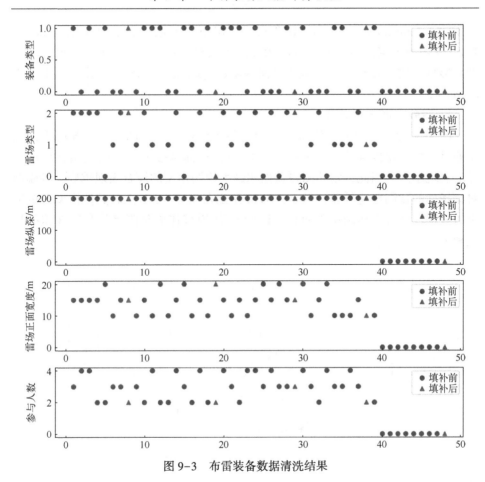

图 9-3 布雷装备数据清洗结果

9.1.2 智能优化

在获取的数据清洗结果基础上,采用数据量化打分机制,综合比较多项式回归模型、高斯过程回归模型、支持向量机模型、多层感知回归模型、决策树模型、随机森林模型、梯度提升回归树模型、核岭回归模型,综合比较选取确定最佳的预测模型。各模型参数配置如下:①PLM 模型:多项式自由度 degree=10,采用线性回归方法;②GPR 模型:常数核的参数设定为 constant = 0.1,constantbounds = (10^{-3}, 10^{-1}),径向基核函数的尺度参数设定为 lenthscale = 0.5,上下边界 lenthscalebounds = (10^{-4}, 10);③SVM 模型:核函数为径向基函数(kernel = "rbf");④MLPR 模型:学习率 lr = 0.01,激活函数 activation = "relu",优化求解器 solver = "adam";⑤DTR 模型:最大树深度 max_depth = 5;⑥RFR 模型:设置评判标准为均方误差,即 criterion = mse,决策树的数量

223

设定为 n_estimators=100；⑦GBRT 模型：决策树的数量设定为 n_estimators=100，学习率设定为 learning_rate=0.1，最大树深度 max_depth=5；⑧KR 模型：影响系数为 $\alpha=1$，核函数为径向基函数（kernel="rbf"），模型自由度为 degree=3。

1. 有效布雷面积模型

图 9-4 所示为预测有效布雷面积的各指标得分雷达图，其中各项指标都是通过无量纲化得到的（表 9-2～表 9-4），指标越接近 1 说明模型在该项指标的表现越好，因此，雷达图覆盖面积越大说明模型的综合表现越好。各模型对该指标的预测普遍较差，但是，SVM 模型在 MSE、ME 上较其他模型有更突出的表现，结合雷达图覆盖面积，选择 SVM 模型作为预测有效布雷面积的最优模型。

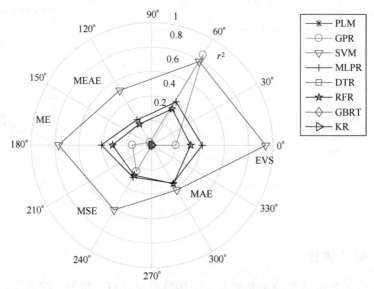

图 9-4 有效布雷面积模型得分图

表 9-2 有效布雷面积模型得分表

模型	PLM	GPR	SVM	MLPR	DTR	RFR	GBRT	KR
得分	0.0	1.48	4.04	2.13	0.0	1.83	0.0	0.0

表 9-3 有效布雷面积实际打分结果

指标	PLM	GPR	SVM	MLPR	DTR	RFR	GBRT	KR
r^2	-6.26×10^{10}	-2.71	-0.0172	-1.58	-3.39	-1.0	-1.93	-1.23

第9章 布雷装备效能计算模型

续表

指标	PLM	GPR	SVM	MLPR	DTR	RFR	GBRT	KR
EVS	$-6.09×10^{10}$	-0.473	0.000052	-1.52	-3.15	-0.938	-1.87	0.000154
MAE	$1.53×10^{6}$	12.4	6.17	9.72	12.8	8.86	11.1	10.3
MSE	$3.65×10^{12}$	216	59.3	151	256	117	171	130
ME	$3.32×10^{6}$	29.0	15.0	26.9	38.5	19.4	27.0	18.5
MEAE	$1.78×10^{6}$	11.0	5.49	6.10	9.5	5.88	9.22	8.97

表9-4 有效布雷面积归一化打分结果

指标	PLM	GPR	SVM	MLPR	DTR	RFR	GBRT	KR
r^2	0.0	0.202	0.939	0.418	0.0	0.324	0.0	0.0
EVS	0.0	0.850	0.788	0.408	0.0	0.343	0.0	0.000181
MAE	0.0	0.0261	0.516	0.238	0.0	0.198	0.0	0.0
MSE	0.0	0.156	0.768	0.412	0.0	0.318	0.0	0.0
ME	0.0	0.247	0.610	0.301	0.0	0.283	0.0	0.0
MEAE	0.0	0.0	0.422	0.358	0.0	0.362	0.0	0.0

2. 作业准备时间模型

图9-5所示为预测作业准备时间的各指标得分雷达图,其中各项指标都是通过无量纲化得到的(表9-5~表9-7),指标越接近1说明模型在该项指标的表现越好,因此,雷达图覆盖面积越大说明模型的综合表现越好。由图并结合模型具体得分,选择PLM模型(5.99分)作为预测作业准备时间的最优模型。

表9-5 作业准备时间模型得分表

模型	PLM	GPR	SVM	MLPR	DTR	RFR	GBRT	KR
得分	5.99	5.98	0.81	5.68	5.98	5.30	5.98	0.11

表9-6 作业准备时间实际打分结果

指标	PLM	GPR	SVM	MLPR	DTR	RFR	GBRT	KR
r^2	0.999	0.999	0.156	0.990	0.999	0.957	0.999	0.0711
EVS	0.999	0.999	0.158	0.990	0.999	0.974	0.999	0.136
MAE	0.0625	0.0625	3.06	0.379	0.0625	0.877	0.0626	3.55
MSE	0.0156	0.0156	21.2	0.256	0.0156	1.08	0.0156	23.3

续表

指标	PLM	GPR	SVM	MLPR	DTR	RFR	GBRT	KR
ME	0.250	0.250	14.1	1.34	0.250	1.68	0.250	13.4
MEAE	0.0	0.0	1.93	0.349	0.0	0.801	0.000103	3.55

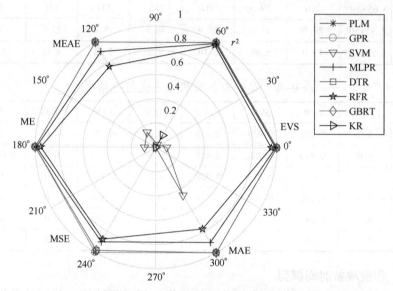

图 9-5 作业准备时间模型得分图

表 9-7 作业准备时间归一化打分结果

指标	PLM	GPR	SVM	MLPR	DTR	RFR	GBRT	KR
r^2	1.0	0.999	0.0914	0.989	0.999	0.954	0.999	0.0
EVS	1.0	0.999	0.0257	0.990	0.999	0.973	0.999	0.114
MAE	1.0	1.0	0.143	0.909	1.0	0.767	1.0	0.0
MSE	1.0	1.0	0.0915	0.990	1.0	0.954	1.0	0.0
ME	1.0	1.0	0.0	0.900	0.981	0.874	0.981	0.0
MEAE	1.0	1.0	0.455	0.902	1.0	0.774	1.0	0.0

3. 弹药车向布雷车补给弹药时间模型

图 9-6 所示为预测弹药车向布雷车补给弹药时间的各指标得分雷达图，其中各项指标都是通过无量纲化得到的（表 9-8～表 9-10），指标越接近 1 说明模型在该项指标的表现越好，因此，雷达图覆盖面积越大说明模型的综合表现越好。由图可见，相比于其他模型，GPR 和 PLM 模型在各项指标上表现全

第9章 布雷装备效能计算模型

面,结合模型具体得分,选择 PLM 模型(5.99分)作为预测弹药车向布雷车补给弹药时间的最优模型。

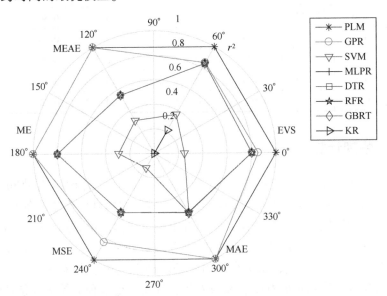

图 9-6 弹药车向布雷车补给弹药时间模型得分图

表 9-8 弹药车向布雷车补给弹药时间模型得分表

模型	PLM	GPR	SVM	MLPR	DTR	RFR	GBRT	KR
得分	5.99	5.54	1.92	0.0	4.11	4.11	4.11	0.22

表 9-9 弹药车向布雷车补给弹药时间实际打分结果

指标	PLM	GPR	SVM	MLPR	DTR	RFR	GBRT	KR
r^2	0.803	0.780	−0.133	−0.509	0.767	0.767	0.767	−0.180
EVS	0.865	0.851	0.365	0.0	0.843	0.843	0.843	0.217
MAE	0.746	0.781	1.71	2.12	0.801	0.801	0.801	1.77
MSE	0.868	0.969	4.98	6.63	1.03	1.03	1.03	5.19
ME	1.37	1.45	3.35	3.75	1.50	1.50	1.50	3.37
MEAE	0.607	0.607	1.10	1.75	0.607	0.609	0.607	1.38

表 9-10 弹药车向布雷车补给弹药时间归一化打分结果

指标	PLM	GPR	SVM	MLPR	DTR	RFR	GBRT	KR
r^2	1.0	0.854	0.249	0.0	0.802	0.802	0.802	0.0

续表

指标	PLM	GPR	SVM	MLPR	DTR	RFR	GBRT	KR
EVS	1.0	0.851	0.365	0.0	0.843	0.843	0.843	0.217
MAE	1.0	1.0	0.310	0.0	0.549	0.549	0.549	0.0
MSE	1.0	1.0	0.293	0.0	0.802	0.802	0.802	0.0
ME	1.0	0.835	0.136	0.0	0.555	0.555	0.555	0.0
MEAE	0.999	1.0	0.565	0.0	0.561	0.559	0.561	0.0

9.1.3 物理计算

由机动布雷能力计算公式可知，作业布雷面积符合度由有效布雷面积 S_{blyx}、上级拟定的布雷区域等参数决定；作业准备快捷度由作业准备时间 T_{bzzb}、作业准备时间期望值等参数决定；雷弹补给相对快捷度由弹药车向布雷车补给弹药时间 T_{ldcb}、人工向布雷车补弹时间等参数决定。其中，有效布雷面积 S_{blyx}、作业准备时间 T_{bzzb}、布雷车补给弹药时间 T_{ldcb} 在给定装备类型、雷场类型、雷场纵深、雷场正面宽度、参与人数、昼夜、地雷种类等输入条件时可由训练好的最优机器学习模型预测得出，预测结果如图9-7所示；其余参数可通过作战指挥官人为决策指定。

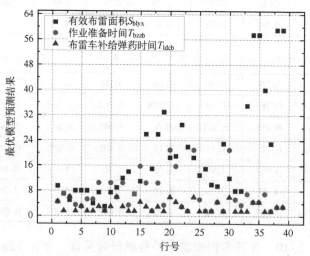

图9-7 有效布雷面积、作业准备时间、布雷车补给弹药时间预测结果

通过计算 38 组作业布雷面积符合度、准备快捷度、雷弹补给相对快捷度样本以验证物理机理计算模块的合理性与准确性。计算结果如图 9-8 所示，作业布雷面积符合度计算结果在 0.000~0.004 之间波动；编组作业准备快捷度计算结果在 0.00~0.20 之间波动；雷弹补给相对快捷度计算结果在 0.00~0.05 之间波动。在人为决策指定的参数确定时，有效布雷面积 S_{blyx} 越大，作业布雷面积符合度越高；弹药车向布雷车补给弹药时间 T_{ldcb} 越长，雷弹补给相对快捷度越高；作业准备时间 T_{bzzb} 越长，编组作业准备快捷度越高。因此，物理机理计算模块可以正确输出结果，计算结果具有合理性，可供参考。

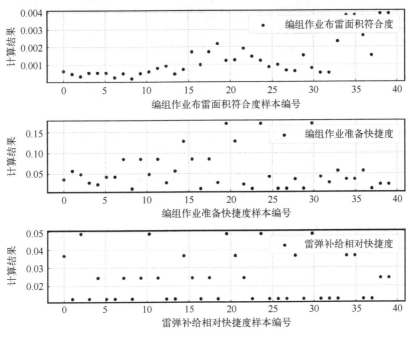

图 9-8 作业布雷面积符合度、准备快捷度、雷弹补给相对快捷度样本计算结果

9.1.4 参数寻优

对于真实的作战环境，需要考虑地形、气象、人员素质等影响因素对于作业布雷面积符合度、准备快捷度、雷弹补给相对快捷度的影响，而布雷装备效能由作业布雷面积符合度、准备快捷度、雷弹补给相对快捷度加权聚合得到。因此，计算布雷装备效能需要确定相应的参数以考虑地形、气象、人员素质等对于计算结果的影响。通过 BFGS 梯度下降优化算法对作业布雷面积符合度参

数、编组作业准备快捷度参数、雷弹补给相对快捷度参数进行动态寻优，以确定合适的参数，进而确定最终的布雷装备效能计算物理解析模型，如图9-9所示。

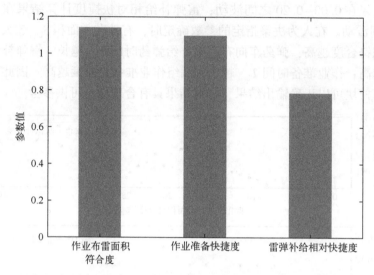

图9-9　布雷面积符合度、作业准备快捷度、
雷弹补给相对快捷度参数优化结果

图9-10所示为布雷装备效能权重迭代进化过程的损失迭代曲线，随着迭

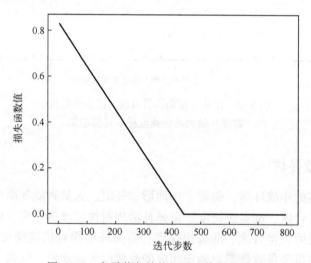

图9-10　布雷装备效能权重迭代进化过程

代步数的增加,损失函数逐渐减小,迭代至 420 步左右时,损失不再下降,此后开始稳定,迭代达到收敛。对于 38 组作业布雷面积符合度、准备快捷度、雷弹补给相对快捷度样本,其参数优化结果如图 9-9 所示,作业布雷面积符合度参数均值为 1.140,作业准备快捷度参数均值为 1.097,雷弹补给相对快捷度参数均值为 0.785。因此,雷弹补给相对快捷度受地形、气象、人员素质等因素的影响较大;作业布雷面积符合度、作业准备快捷度受地形、气象、人员素质等因素的影响较小,权重系数优化结果用于后续的效能计算。

9.1.5 结果分析与灵敏度分析

1. 结果分析

为进一步验证布雷装备效能计算物理解析模型的准确性与可靠性,本章通过 5 组实例化计算表格完整展示了模型的计算流程与计算结果,并将模型预测值与真实值进行了对比,结果如图 9-11 所示。首先,对于给定装备类型、雷场类型、雷场纵深、雷场正面宽度、参与人数、昼夜、地雷种类输入条件,加载训练好的最优机器学习模型分别预测相应的有效布雷面积 S_{blyx}、作业准备时间 T_{bzzb}、布雷车补给弹药时间 T_{ldcb};其次,将预测得到的参数以及人为决策指定的参数输入物理机理计算模型,以计算相应的作业布雷面积符合 P_{blmj}、准备快捷度 P_{zyzb}、雷弹补给相对快捷度 P_{ldbj};再次,利用 BFGS 梯度下降优化算法对作业布雷面积符合度参数 W_{blmj}、准备快捷度参数 W_{zyzb}、雷弹补给相对快捷度参数 W_{ldbj} 进行动态寻优;最后,利用效率和参数进行加权聚合得到布雷装备效能 P_{jdbl}。

由 5 组计算实例中真实值与预测值对比可知,模型预测结果、机理计算结果与真实结果极为接近,误差很小,符合精度要求。进一步说明动布雷装备效能计算物理解析模型具有较高的准确性与可靠性。

2. 灵敏度分析

灵敏度分析使用了 Sobol 灵敏度分析方法,通过计算输出参数与各项输入的一阶灵敏度,反映输入变量对于输出结果的影响。样本采样数为 2^{10},采用 L2 正则化方法,各个子模型的敏感性分析结果柱状图如图 9-12~图 9-14 所示。

第一组

	输入条件							模型输出			权重优化结果			机理计算结果			能力值
	装备类型	雷场类型	雷场纵深/m	雷场正面宽度/m	参与人数	昼夜	地雷种类	S_{blyx}/m^2	T_{bzzb}/s	T_{ldcb}/s	W_{blmj}	W_{zyzb}	W_{ldbj}	P_{blmj}	P_{zyzb}	P_{ldbj}	P_{jdbl}
真实值	1	2	200	15	4	0	2	5	6	6				0.00033	0.04878	0.04878	0.081255
预测值	1	2	200	15	4	0	2	5	6	6	0.569958	1.097377	0.56449	0.00033	0.04878	0.04878	0.081255

第二组

	输入条件							模型输出			权重优化结果			机理计算结果			能力值
	装备类型	雷场类型	雷场纵深/m	雷场正面宽度/m	参与人数	昼夜	地雷种类	S_{blyx}/m^2	T_{bzzb}/s	T_{ldcb}/s	W_{blmj}	W_{zyzb}	W_{ldbj}	P_{blmj}	P_{zyzb}	P_{ldbj}	P_{jdbl}
真实值	1	0	200	20	2	0	0	8	3	3				0.000529	0.02439	0.02439	0.040835
预测值	0	2	200	15	4	1	2	8	3	3	0.569958	1.097377	0.56449	0.000529	0.02439	0.02439	0.040835

第三组

	输入条件							模型输出			权重优化结果			机理计算结果			能力值
	装备类型	雷场类型	雷场纵深/m	雷场正面宽度/m	参与人数	昼夜	地雷种类	S_{blyx}/m^2	T_{bzzb}/s	T_{ldcb}/s	W_{blmj}	W_{zyzb}	W_{ldbj}	P_{blmj}	P_{zyzb}	P_{ldbj}	P_{jdbl}
真实值	0	2	200	15	3	1	2	4	5.25	1.5				0.000264	0.042683	0.012837	0.054236
预测值	0	2	200	15	3	1	2	4	5.25	1.5	0.569958	1.097377	0.56449	0.000264	0.042683	0.012837	0.054236

第四组

	输入条件							模型输出			权重优化结果			机理计算结果			能力值
	装备类型	雷场类型	雷场纵深/m	雷场正面宽度/m	参与人数	昼夜	地雷种类	S_{blyx}/m^2	T_{bzzb}/s	T_{ldcb}/s	W_{blmj}	W_{zyzb}	W_{ldbj}	P_{blmj}	P_{zyzb}	P_{ldbj}	P_{jdbl}
真实值	1	1	200	10	4	0	1	9	6	6				0.000595	0.04878	0.04878	0.081406
预测值	1	1	200	10	4	0	1	9	6	6	0.569958	1.097377	0.56449	0.000595	0.04878	0.04878	0.081406

第五组

	输入条件							模型输出			权重优化结果			机理计算结果			能力值
	装备类型	雷场类型	雷场纵深/m	雷场正面宽度/m	参与人数	昼夜	地雷种类	S_{blyx}/m^2	T_{bzzb}/s	T_{ldcb}/s	W_{blmj}	W_{zyzb}	W_{ldbj}	P_{blmj}	P_{zyzb}	P_{ldbj}	P_{jdbl}
真实值	1	2	200	15	2	0	2	29	3	3				0.001917	0.02439	0.02439	0.041626
预测值	1	2	200	15	2	0	2	29	3	3	0.569958	1.097377	0.56449	0.001917	0.02439	0.02439	0.041626

图 9-11　布雷装备效能计算物理解析模型实例化计算结果

第9章 布雷装备效能计算模型

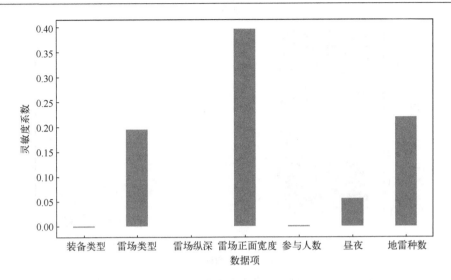

图 9-12 有效布雷面积敏感性分析结果

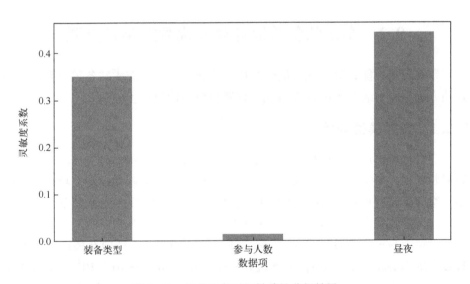

图 9-13 作业准备时间敏感性分析结果

由图 9-12 可知，有效布雷面积主要受到雷场正面宽度、雷场类型以及地雷种类的影响，其他因素对其影响不大。由图 9-13 可知，作业准备时间主要由装备类型和昼夜决定，参与人数对其影响很小。由图 9-14 可知，弹药车向布雷车补给弹药时间主要受装备类型的影响，参与人数对其影响不大。

233

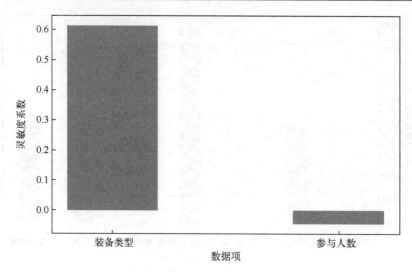

图 9-14　弹药车向布雷车补给弹药时间敏感性分析结果

9.2　布雷装备效能计算最优智能学习模型

布雷装备效能计算最优智能学习模型构建过程中，布雷装备采集数据与预处理方法与布雷装备效能计算最优物理解析模型构建过程一致。

9.2.1　智能模型训练

综合比较多项式回归模型、高斯过程回归模型、支持向量机模型、多层感知回归模型、决策树模型、随机森林模型、梯度提升回归树模型、核岭回归模型，综合比较选取确定最佳的预测分析模型。各模型参数配置如下：①PLM 模型：多项式自由度 degree=10，采用线性回归方法；②GPR 模型：常数核的参数设定为 constant=0.1，constantbounds=(10^{-3},10^{-1})，径向基核函数的尺度参数设定为 lenthscale=0.5，上下边界 lenthscalebounds=(10^{-4},10)；③SVM 模型：核函数为径向基函数（kernel="rbf"）；④MLPR 模型：学习率 lr=0.01，激活函数 activation="relu"，优化求解器 solver="adam"；⑤DTR 模型：最大树深度 max_depth=5；⑥RFR 模型：设置评判标准为均方误差，即 criterion=mse，决策树的数量设定为 n_estimators=100；⑦GBRT 模型：决策树的数量设定为 n_estimators=100，学习率设定为 learning_rate=0.1，最大树深度 max_depth=5；⑧KR 模型：影响系数为 α=1，核函数为径向基函数（kernel="rbf"），模型自由度为 degree=3。

第9章 布雷装备效能计算模型

1. 布雷面积符合度模型

图 9-15 所示为预测布雷面积符合度的各指标得分雷达图,其中各项指标都是通过无量纲化得到的(表 9-11~表 9-13),指标越接近 1 说明模型在该项指标的表现越好,因此,雷达图覆盖面积越大说明模型的综合表现越好。由图并结合模型具体得分,选择 PLM 模型(6.0 分)作为预测布雷面积符合度的最优模型。

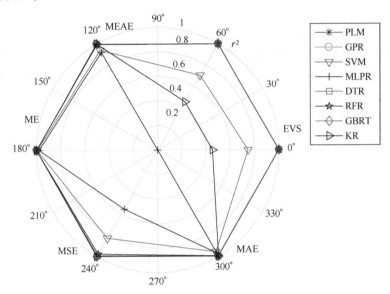

图 9-15 布雷面积符合度模型得分图

表 9-11 布雷面积符合度模型得分表

模型	PLM	GPR	SVM	MLPR	DTR	RFR	GBRT	KR
得分	6.0	5.99	5.17	3.42	5.99	5.97	5.99	4.91

表 9-12 布雷面积符合度实际打分结果

指标	PLM	GPR	SVM	MLPR	DTR	RFR	GBRT	KR
r^2	1.0	1.0	0.800	0.213	1.0	0.998	1.0	0.452
EVS	1.0	1.0	0.802	0.332	1.0	0.998	1.0	0.453
MAE	0.0	0.0	0.0586	0.0791	0.00211	0.00482	0.000005	0.0795
MSE	0.0	0.0	0.00540	0.0213	0.00001	0.000055	0.0	0.0148
ME	0.0	0.000002	0.171	0.446	0.00778	0.0224	0.000012	0.364
MEAE	0.0	0.0	0.0406	0.0293	0.00167	0.00347	0.000004	0.0578

表 9-13　布雷面积符合度归一化打分结果

指标	PLM	GPR	SVM	MLPR	DTR	RFR	GBRT	KR
r^2	1.0	1.0	0.746	0.0	1.0	0.998	1.0	0.452
EVS	1.0	1.0	0.703	0.0	1.0	0.998	1.0	0.453
MAE	1.0	1.0	0.941	0.921	0.998	0.995	1.0	1.0
MSE	1.0	1.0	0.995	0.979	1.0	1.0	1.0	1.0
ME	1.0	1.0	0.829	0.554	0.992	0.978	1.0	1.0
MEAE	1.0	1.0	0.959	0.971	0.998	0.997	1.0	1.0

图 9-16 是对布雷面积符合度预测的对角线图，使用综合误差打分机制选取的最优机器学习模型为多项式回归模型，图中黑线表示预测值和真值相等，可以看到预测值全部落在对角线上，说明模型对该项能力的预测较为准确。

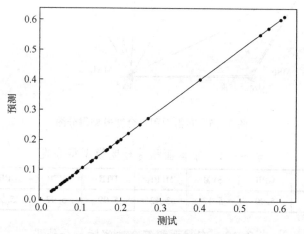

图 9-16　预测布雷面积符合度的对角线图

2. 作业准备快捷度模型

图 9-17 所示为预测作业准备快捷度的各指标得分雷达图，其中各项指标都是通过无量纲化得到的（表 9-14～表 9-16），指标越接近 1 说明模型在该项指标的表现越好，因此，雷达图覆盖面积越大说明模型的综合表现越好。各模型在各项指标上均有不错表现，结合模型得分，选择 PLM 模型作为预测作业准备快捷度的最优模型。

第 9 章 布雷装备效能计算模型

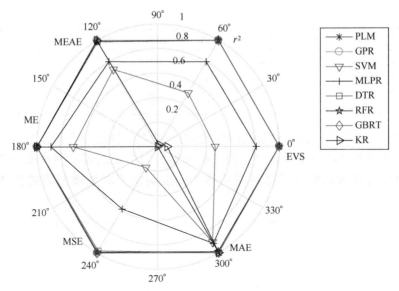

图 9-17 作业准备快捷度模型得分图

表 9-14 作业准备快捷度模型得分表

模型	PLM	GPR	SVM	MLPR	DTR	RFR	GBRT	KR
得分	5.99	5.98	3.50	4.79	5.97	5.97	5.98	3.10

表 9-15 作业准备快捷度实际打分结果

指标	PLM	GPR	SVM	MLPR	DTR	RFR	GBRT	KR
r^2	1.0	1.0	0.742	0.900	0.999	0.999	1.0	0.513
EVS	1.0	1.0	0.759	0.900	0.999	0.999	1.0	0.514
MAE	0.00879	0.00879	0.278	0.206	0.0190	0.0199	0.00881	0.473
MSE	0.000440	0.000440	0.303	0.118	0.00121	0.000832	0.000440	0.574
ME	0.0571	0.0571	1.81	0.962	0.100	0.0735	0.0571	2.24
MEAE	0.0	0.0	0.0999	0.0880	0.0	0.0105	0.00002	0.332

表 9-16 作业准备快捷度归一化打分结果

指标	PLM	GPR	SVM	MLPR	DTR	RFR	GBRT	KR
r^2	1.0	0.999	0.471	0.811	0.998	0.999	0.999	0.0786
EVS	1.0	0.999	0.504	0.798	0.998	0.999	0.999	0.0213
MAE	1.0	1.0	0.728	0.801	0.990	0.989	1.0	1.0

续表

指标	PLM	GPR	SVM	MLPR	DTR	RFR	GBRT	KR
MSE	1.0	1.0	0.697	0.882	0.999	1.0	1.0	1.0
ME	0.999	1.0	0.196	0.586	0.980	0.993	1.0	0.0
MEAE	1.0	1.0	0.900	0.912	1.0	0.990	1.0	1.0

图 9-18 是对作业准备快捷度预测的对角线图，使用综合误差打分机制选取的最优机器学习模型为多项式回归树模型，图中黑线表示预测值和真值相等，可以看到预测值全部落在对角线上，说明模型对该项能力的预测较为一般。

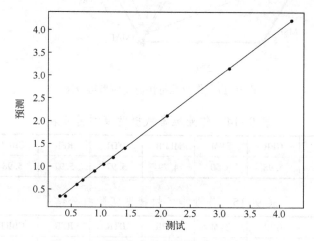

图 9-18 预测作业准备快捷度的对角线图

3. 雷弹补给相对快捷度模型

图 9-19 所示为预测雷弹补给相对快捷度的各指标得分雷达图，其中各项指标都是通过无量纲化得到的（表 9-17～表 9-19），指标越接近 1 说明模型在该项指标的表现越好，因此，雷达图覆盖面积越大说明模型的综合表现越好。相比于其他模型，RFR、GPR、PLM 模型在各项指标上有全面的表现，结合模型具体得分，选择 PLM 模型（5.99 分）作为预测雷弹补给相对快捷度的最优模型。

表 9-17 雷弹补给相对快捷度模型得分表

模型	PLM	GPR	SVM	MLPR	DTR	RFR	GBRT	KR
得分	5.99	5.97	5.10	3.33	5.95	5.95	5.95	5.16

第9章 布雷装备效能计算模型

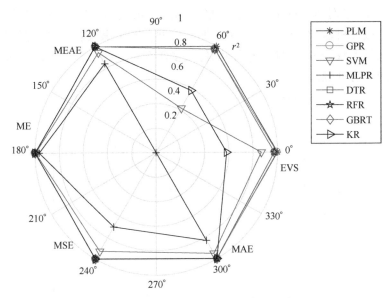

图 9-19 雷弹补给相对快捷度模型得分图

表 9-18 雷弹补给相对快捷度实际打分结果

指标	PLM	GPR	SVM	MLPR	DTR	RFR	GBRT	KR
r^2	0.973	0.973	0.280	-4.41	0.973	0.973	0.973	0.581
EVS	0.973	0.973	0.417	0.0	0.973	0.973	0.973	0.583
MAE	0.00761	0.00756	0.0628	0.168	0.00756	0.00774	0.00756	0.0393
MSE	0.000169	0.000169	0.00458	0.0344	0.000169	0.000169	0.000169	0.00267
ME	0.0288	0.0289	0.100	0.321	0.0289	0.0295	0.0289	0.117
MEAE	0.000193	0.000002	0.0500	0.171	0.0	0.000750	0.000004	0.0326

表 9-19 雷弹补给相对快捷度归一化打分结果

指标	PLM	GPR	SVM	MLPR	DTR	RFR	GBRT	KR
r^2	0.999	0.995	0.867	0.0	0.973	0.973	0.973	0.581
EVS	0.999	0.973	0.417	0.0	0.973	0.973	0.973	0.583
MAE	0.999	1.0	0.944	0.839	1.0	1.0	1.0	1.0
MSE	1.0	1.0	0.996	0.966	1.0	1.0	1.0	1.0
ME	1.0	1.0	0.927	0.699	1.0	0.999	1.0	1.0
MEAE	0.999	1.0	0.950	0.829	1.0	0.999	1.0	1.0

图 9-20 是对雷弹补给相对快捷度预测的对角线图，使用综合误差打分机制选取的最优机器学习模型为多项式回归模型，图中黑线表示预测值和真值相等，测试集点数较少，可以看到预测值大多落在对角线上，说明模型对该项能力的预测较为准确。

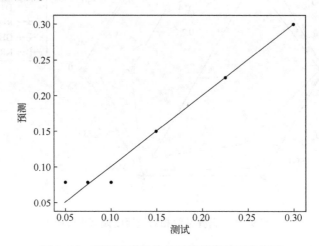

图 9-20　预测雷弹补给相对快捷度的对角线图

4. 布雷装备效能计算模型

图 9-21 所示为预测布雷装备效能计算的各指标得分雷达图，其中各项指标都是通过无量纲化得到的（表 9-20~表 9-22），指标越接近 1 说明模型在该项指标的表现越好，因此，雷达图覆盖面积越大说明模型的综合表现越好。由图并结合模型得分，因此选择 GPR 模型作为预测布雷装备效能计算的最优模型。

表 9-20　布雷装备效能计算模型得分表

模型	PLM	GPR	SVM	MLPR	DTR	RFR	GBRT	KR
得分	5.99	6.0	0.98	2.85	5.71	5.00	5.99	0.87

表 9-21　布雷装备效能实际打分结果

指标	PLM	GPR	SVM	MLPR	DTR	RFR	GBRT	KR
r^2	1.0	1.0	0.102	0.542	0.985	0.902	1.0	0.0476
EVS	1.0	1.0	0.140	0.542	0.985	0.904	1.0	0.0488
MAE	0.0	0.0	0.707	0.539	0.0559	0.272	0.000051	0.810
MSE	0.0	0.0	1.15	0.584	0.0192	0.125	0.0	1.22

续表

指标	PLM	GPR	SVM	MLPR	DTR	RFR	GBRT	KR
ME	0.0	0.0	3.32	2.23	0.551	0.795	0.000176	2.99
MEAE	0.0	0.0	0.522	0.419	0.00167	0.155	0.000038	0.685

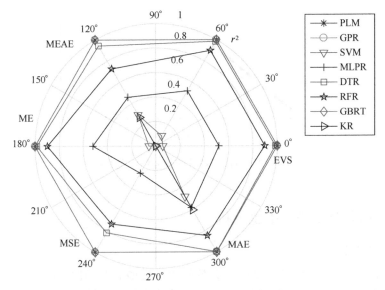

图 9-21 布雷装备效能计算模型得分图

表 9-22 布雷装备效能归一化打分结果

指标	PLM	GPR	SVM	MLPR	DTR	RFR	GBRT	KR
r^2	1.0	1.0	0.0570	0.519	0.984	0.897	1.0	0.0
EVS	1.0	1.0	0.0958	0.519	0.984	0.899	1.0	0.0
MAE	1.0	1.0	0.293	0.461	0.944	0.728	1.0	0.269
MSE	1.0	1.0	0.0570	0.519	0.984	0.897	1.0	0.0
ME	1.0	1.0	0.0	0.256	0.816	0.734	1.0	0.0
MEAE	1.0	1.0	0.478	0.581	0.998	0.845	1.0	0.604

图 9-22 是对布雷装备效能预测的对角线图，使用综合误差打分机制选取的最优机器学习模型为高斯过程回归模型，图中黑线表示预测值和真值相等，可以看到预测值全部落在对角线上，说明模型对该项能力的预测较为准确。

241

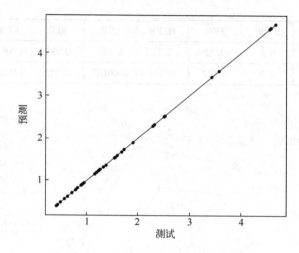

图 9-22　布雷装备效能预测的对角线图

9.2.2　结果分析与灵敏度分析

1. 结果分析

为进一步验证布雷装备效能计算智能学习模型的准确性与可靠性，本章通过 5 组实例化计算表格完整展示了模型的计算流程与计算结果，并将模型预测值与真实值进行了对比，结果如图 9-23 所示。对于给定装备类型、雷场类型、雷场纵深、雷场正面宽度、参与人数、昼夜、地雷种类输入条件，加载训练好的最优机器学习模型分别预测相应的作业布雷面积符合 P_{blmj}、准备快捷度 P_{zyzb}、雷弹补给相对快捷度 P_{ldbj}、布雷装备效能 P_{jdbl}。

由 5 组计算实例中真实值与预测值对比可知，模型预测结果与真值的最大相对误差仅为 0.6723%，符合精度要求。模型预测结果与真实结果极为接近，误差较小，进一步说明布雷装备效能计算智能学习模型具有较高的准确性与可靠性。

2. 灵敏度分析

灵敏度分析使用了 Sobol 灵敏度分析方法，通过计算输出参数与各项输入的一阶灵敏度，反映输入变量对于输出结果的影响。样本采样数为 2^{10}，采用 L2 正则化方法，各个子模型的敏感性分析结果柱状图如图 9-24 ~ 图 9-27 所示。

第9章 布雷装备效能计算模型

	输入条件						机理计算结果			能力值
	装备类型	雷场类型	雷场纵深/m	雷场正面宽度/m	参与人数	昼夜	地雷种类	P_{blmj}	P_{zyzb}	P_{ldbj}	P_{jdbl}
第一组											
真实值	1	2	200	15	4	0	2	0.00033	0.048782	0.04878	0.08126
预测值	1	2	200	15	4	0	2	0.00033	0.048781	0.04878	0.08124
第二组											
真实值	1	0	200	20	2	0	0	0.000529	0.02439	0.02439	0.04085
预测值	0	2	200	15	4	1	2	0.000529	0.02439	0.02439	0.04084
第三组											
真实值	0	2	200	15	3	1	2	0.000264	0.04267	0.012837	0.054235
预测值	0	2	200	15	3	0	2	0.000264	0.04269	0.012837	0.054236
第四组											
真实值	1	1	200	10	4	0	1	0.000595	0.04878	0.04878	0.081406
预测值	1	1	200	10	2	0	1	0.000595	0.04878	0.04878	0.081407
第五组											
真实值	1	2	200	15	2	0	2	0.001917	0.02439	0.02439	0.041626
预测值	1	2	200	15	2	0	2	0.001917	0.02439	0.02439	0.041626

图 9-23 布雷装备效能计算智能学习模型实例化计算结果

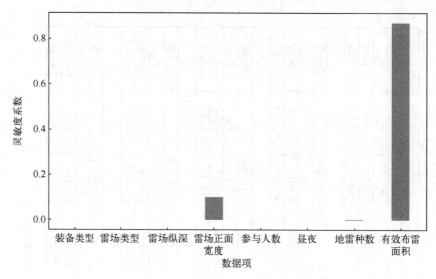

图 9-24　布雷面积符合度敏感性分析结果

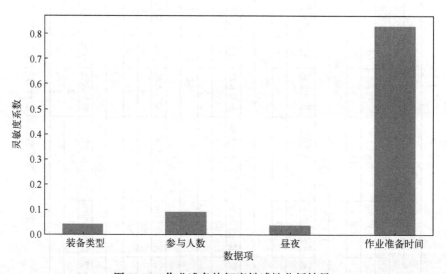

图 9-25　作业准备快解度敏感性分析结果

由图 9-24 可知，布雷面积符合度主要由有效布雷面积决定，雷场正面宽度对其有一定影响，其余变量对其没有影响。由图 9-25 可知，作业准备快解度主要由作业准备时间决定，其他因素对其影响较小。由图 9-26 可知，雷弹补给相对快解度主要由布雷车补给弹药时间决定，其他因素对其影响较小。由图 9-27 可知，布雷装备效能主要由布雷面积符合度决定，编组作业准备快捷度和雷弹补给相对快捷度对其影响较小。

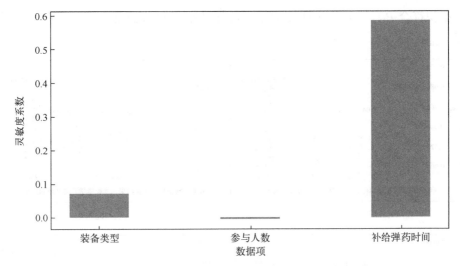

图 9-26 雷弹补给相对快解度敏感性分析结果

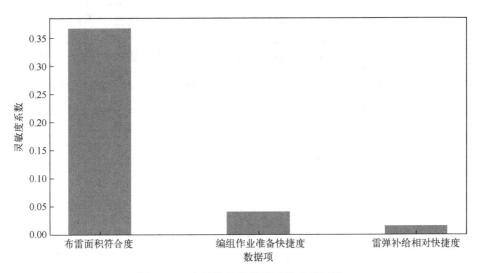

图 9-27 布雷装备效能敏感性分析结果

9.3 模型校验

将基于智能优化的布雷装备效能计算物理解析模型结果与基于数据驱动的布雷装备效能计算智能学习模型结果相互验证，以达到模型校验的目的。5 组实例化计算对比结果如图 9-28 所示，机动布雷作业能力输出指标包括作业布

雷面积符合 P_{blmj}、准备快捷度 P_{zyzb}、雷弹补给相对快捷度 P_{ldbj}、布雷装备效能 P_{jdbl}。

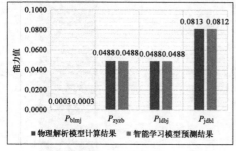
(a) 第一组对比结果

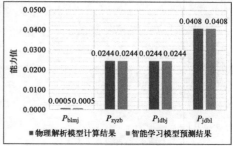
(b) 第二组对比结果

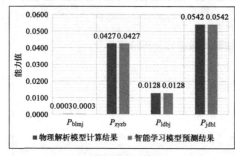
(c) 第三组对比结果

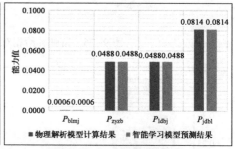
(d) 第四组对比结果

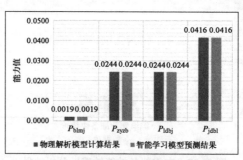
(e) 第五组对比结果

图 9-28　布雷装备效能计算物理解析与智能学习模型计算结果对比

由图 9-28 可知，布雷装备效能计算物理解析模型计算结果与智能学习模型预测结果极为接近，符合精度要求。模型验证结果说明物理解析模型与智能预测模型具有较高的准确性与可靠性，可以进行相互验证。

参 考 文 献

[1] 鞠进军，沈云峰，等．工程装备作战运用［M］．北京：解放军出版社，2021．
[2] 沈云峰，刘安，等．工程装备论［M］．北京：国防工业出版社，2016．
[3] 房永智，鲍根生，等．工程兵作战指挥论［M］．北京：国防工业出版社，2016．
[4] 傅博韬，叶晓华，等．工程兵专业技术论［M］．北京：国防工业出版社，2016．
[5] 张婷．几种面向卷积神经网络的 L-BFGS 优化器研究［D］．湘潭：湘潭大学，2019．
[6] 谷伟伟．分组主成分和核主成分的研究与应用［D］．北京：中国矿业大学，2014．
[7] 张彦．小波降噪在核磁共振测井中的应用研究［D］．武汉：华中科技大学，2015．
[8] 牛岩溪．基于多项式回归的 Pair-Copula 贝叶斯网络模型［D］．天津：天津大学，2018．
[9] 蒋佳静．基于函数型高斯过程回归的时序数据建模研究［D］．郑州：郑州大学，2021．
[10] 冯泽彪，汪建均，马义中．基于多变量高斯过程模型的贝叶斯建模与稳健参数设计［J］．系统工程理论与实践，2020，40（3）：703-713．
[11] 范昕炜．支持向量机算法的研究及其应用［D］．杭州：浙江大学，2003．
[12] 邵韦巧．机器学习分类算法对糖尿病数据应用研究［D］．兰州：兰州大学，2021．
[13] SOOKASAME C．基于深度学习技术的股价预测研究［D］．兰州：兰州交通大学，2019．
[14] 马志同．基于数据驱动的建筑节能方法研究［D］．合肥：中国科技大学，2018．
[15] 冯晓龙，高静．基于 Spark 平台的考勤数据决策树回归分析［J］．内蒙古工业大学学报（自然科学版），2018，37（2）：130-135．
[16] 朱品光．基于随机森林回归算法的堆石坝爆破块度预测研究［D］．天津：天津大学，2019．
[17] 李一蕾．基于梯度提升回归树的中国近地面 O_3 浓度遥感估算［D］．北京：中国矿业大学，2020．
[18] 李航飞，屠良平，胡煜寒，等．基于核岭回归方法的恒星大气物理参数的自动测量［J］．光谱学与光谱分析，2020，40（4）：1297-1303．
[19] 周乔乔．装备效能评估系统评估工程与数据处理的设计与实现［D］．武汉：华中科技大学，2017．
[20] 王军，李建勋，王兴，等．效能评估可信度的客观度量方法［J］．西安交通大学学报，2018，52（2）：37-44．
[21] 王丹．二次雷达系统效能评估方法研究［D］．成都：电子科技大学，2018．
[22] 朱继业．野战火箭作战效能模型研究［D］．南京：南京理工大学，2016．